你比同龄人更早开始，

大大方方谈钱，清清白白赚钱，

你就已经领先他们了，

而且极有可能领先一辈子。

所以，

请置顶你赚钱的能力。

老杨的猫头鹰 著

姑娘，脱贫比脱单更重要

中国出版集团
现代出版社

不管对方是怎样的人，一旦你觉得他瞧不起你，那原因恐怕有且仅有两个，要么是你与他之间的地位差距太大了，要么是你没有和他做朋友的筹码。在功利的社会里，友情层面的往来，有时候比谈婚论嫁更强调门当户对！

前　言

逛街的时候看到了喜欢的衣服，你却要装作不经意地翻开吊牌上的价格；为了商家的五元返利，你违心地给出五星好评。

你越来越在意买得划不划算，而不是喜不喜欢。

明明许诺自己，说只看五分钟手机就去好好努力，结果三个小时之后，你装满了淘宝的购物车。

明明发过毒誓，说"要么瘦，要么死"，结果是收藏了很多减肥的方法，你却依然胖着过了小半生。

明明整天都是无所事事，觉得整个人生都灌满了"无聊透顶"，你却并未感到半分轻松，还常常失眠到天明。

明明心里念的是："一花一世界，一叶一菩提"，现实生活中你却是："一吃一大碗，一睡一整天"。

你的性格是懒，兴趣是玩，特长是吃，技能是睡；可你的现状是：穷得没钱做坏事，饿得不知吃什么，困得就是睡不着。

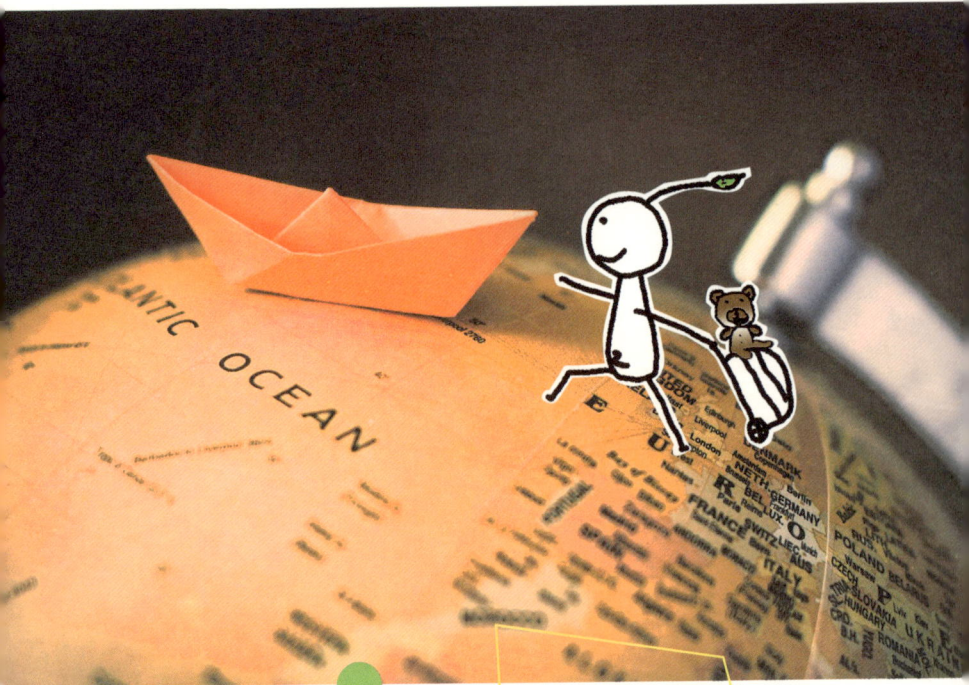

如果你明知自己没钱、没时间，又不愿意花时间赚钱，并且还对这个世界充满了天然的好感，以至于还想去看看、去转转，我倒是有个好法子——买个地球仪吧！

你每天最大的生活感受是："再这样下去就完了""再这么颓废也不是办法"；而你的计划又每次都是惊人的相似："等我有钱了""等我有时间了"。

你不甘堕落，却又不思进取。你每天只产生心理上的不断自责，却缺乏行动上的立即改变；你有的永远是"临渊羡鱼"的本能，却从来没有"退而结网"的努力。

白天的时候，你兢兢业业地护肤，到晚上又孜孜不倦地熬夜；你只许自己以貌取人，却瞧不起别人是"外貌协会"的。

你明明知道"长得好看可以得尽好处"，也明白这是一个看脸的世界，却因为"护肤好费钱、化妆好麻烦、选衣服太耗时、瘦身好辛苦"，所以不愿意付出任何努力，然后再抱怨社会太现实、指责人心太浅薄、数落别人重色轻友。

你内心的潜台词无非是："老天啊，请你赐予我花不完的钱、帅得一塌糊涂的王子、能搞定一切问题的管家和一张沉鱼落雁的脸吧"。我的建议是，每天晚上都早点睡吧，梦里什么都会有的！

等到回首往事时，那些追过女孩子的男人可以跟着那些怀旧电影无限唏嘘，无比感伤地细数"那些年一起追过的女孩"；被人追过的女孩子也可以津津乐道，话说当年的自己是"多么傻"和"天真可爱"。

唯有你，成了"那些年，一直都没有人追的女孩"！

一个姑娘家要想过上体面的生活，办法只有两种：要么变好看，要么变有钱。至于你听说的什么"只要变得好看了，就会有很多人喜欢""只要有了钱，女人就会活得容易一些"……我来告诉你吧，这些都是真的！

残酷的是，就连"好看"也需要用钱来"砸"。曼妙身材的背后少不了往健身房里砸钱，细腻肌肤的背后少不了往护肤品上砸钱，良好形象的背后少不了往服装饰品上砸钱……成天要为五斗米烦闷担忧的人，美得不安稳，活得也不自在。

试问一下，那些让你不安、不满的问题，是不是绝大多数都可以通过钱来解决？那些在生活中让自己感到快乐、自豪的事物，又是不是大多数都与钱密切相关？

有钱你才能在年纪轻轻的时候就过上自己想要的生活，而不是等到七老八十了才频频回首，满是遗憾；有钱才能拥有自己喜欢的东西，而不是在遇见了它时，发现钱包空空，只能尴尬地扭头走掉。

有钱你才能在伤心难过的时候去最贵的餐馆大吃一顿，而不必对着菜单上的价格斤斤计较；有钱才能在你被人抛弃后依旧住得起两室一厅的房子，而不至于流落街头、孤苦无依。

　　有钱你才能在面对爱情时不会因为钱和谁在一起，也不会因为钱而离开谁；有钱你才能让自己追逐诗意和远方时能住得起一间隔音效果好一点的酒店，选一个时间合理一些的航班。

　　有钱的意义并非是肆意挥霍，而是拥有更多的选择。它能让你的爱情更纯粹一点儿，让你离幸福更近一点儿。因为有钱，你无需看他人脸色，取悦他人，委屈自己。

　　在你孤立无援的时候，金钱可以为你助威，在你面对威逼利诱的时候，金钱可以替你撑腰。

　　我所谓的"有钱"，是希望你用清白的方式去接近梦想，用带有辛苦味道的钱去过自己想要的生活，而不是在年纪轻轻的时候就想做一辈子的"啃老族"或者一心想嫁个有钱人。

　　换言之，二十几岁，你的首要任务是脱贫，而不是脱单！

　　很多时候，"有钱"就像拥有一张 VIP 卡，能将你的生活从"Hard"模式轻松地切换成"Easy"。

生而为人，我觉得要有两个起码的觉悟：一是不在人格上轻易怀疑别人，二是不在见识上过于相信自己。很多时候，你只是错把见闻当成了经历，把听闻当成了经验而已。

尤其是对那些在大城市里打拼的姑娘而言，金钱是你抵御孤独、落寞、失望的"黄金圣衣"。用一笔钱换一杯热气腾腾的咖啡，可以终结一整晚的孤枕难眠；用一笔钱换一套优雅大方的时装，可以抵消一整月埋头苦干的疲惫；用一笔钱换一张去大堡礁的机票，可以击溃大半年的百无聊赖……

金钱就像是包裹你内心世界的脂肪，它能帮你缓冲失败的打击、减少失望、降低伤害，一旦你的钱包瘪了，你就会迅速地感受到来自这个世界的的恶意；而一旦你变好看、变有钱了，你就会真切地感受到社交的乐趣、感情的真挚，以及来自整个世界的善意！

所以，不要在该动脑子的时候动感情，不要在该脱贫的年纪把时间荒废在脱单上。你要先谋生，再谋爱！

如果你的人生意义在赚钱中找不到，也不要指望在恋人身上或旅游景点中找到。

生活不会因为你软弱就对你法外施恩，职场不会因为你是姑娘就对你怜香惜玉，情场不会因为你是"傻白甜"就对你格外温柔，父母不会因为你是姑娘就停止衰老，梦想也不会因为你是姑娘就为你降低实现的门槛……

你想想，当你有着二十几岁的脸，二十几岁的身材，二十几岁的心单身再久，我都劝你不要灰心，上天正在绞尽脑汁地为你做安排，毕竟，要找一个特别糟糕的人来配你，总得多花些时间。

态，二十几岁的肌肤，却有着二十几岁的姑娘想都不敢想的事业和财富，这样的你，谁还好意思催你结婚？这样的你，又怎会在意谁来催婚？

如果再有人劝你："你不过是个姑娘，简单快乐地活着就够了，别那么累。""没有男人喜欢要强的女人，不要太要强了，你不应该这么累。""你不要天天把自己逼得这么累，一点儿情调都没有，否则找不到男朋友。"我希望你好好想想："你是女孩子，如果不自立、不自强，又没钱，谁能在你需要肩膀的时候给你一个依靠？如果没眼界、没实力，会不会因为别人给了你一颗小蜜枣，你就屁颠屁颠地跟人跑了？"

再说了，没有钱，你拿什么去呵护你的亲情，支撑你的爱情，联络你的友情，靠嘴吗？

别闹了，大家都挺忙的！

目　录

有钱才能在年纪轻轻的时候就过上自己想要的生活，而不是等到七老八十了才频频回首，满是遗憾；有钱才能拥有自己喜欢的东西，而不是在遇见了喜欢的东西时，发现钱包空空，只能尴尬地扭头就走。

满嘴蛀牙却偏偏嗜甜如命，撑到快爆了还不忘再来一份甜点！其实，真正的力量是克制，就像是能够赤手空拳把一块巧克力掰成四块，然后只吃掉其中的一块；真正的吃货很苛刻，对食材和身材都一样苛刻。

你是想嫁人，还是想嫁祸于人

1|

Grace 因为被家里人催婚而大动肝火。她在朋友圈里连发了两条怨气满满的话："哪有这样的爸妈啊？以前怕我早恋，恨不得把我装进玻璃瓶里密封起来，把全世界的男生都与我隔开；现在又怕我嫁不出去，恨不得冲到大街上绑个男人塞进我房间里！"

"最讨厌的是那些七大姑八大姨了，但凡是遇到一个未婚男人，就马上告诉我爸妈，我不去见面就挨训，我去见了，她们就天天絮叨着让我眼光放低点儿，好像我嫁不出去会影响她们家股票上涨似的。"

事情的导火索是比 Grace 小五岁的表妹订婚了，她前脚得到这个消息，后脚就接到了老妈的催婚电话。就在她准备用以前常用的那句"我现在忙，回头再打给您"来终结对话时，母亲大人却表现出前所未有的强硬："找不着男朋友，就别往家里打电话了！"

有人留言问她："那你想怎样？准备一直这样单着？"她回答说："我也想把自己嫁出去啊，前几天还在婚恋网站填了资料，可一直没遇到合适的，这又不能怪我。"

Grace 所谓的合适，是"物质上要达标，精神上要丰裕"的男生。可是，满足这一条件的男生本身就不太多，再加上那些与她年龄相当的男生多半把眼光放在了比她年轻貌美的女孩身上，所以她"理所当然"地剩下来了。

其实 Grace 也曾试着约过几个男生，但都无疾而终。不是觉得对方"太穷了"，就是抱怨"没情调"，不是说别人"文化低"，就是"不浪漫"。简而言之，就是她觉得"我足够好"，而别人不够格。

她从来没有想过，她那无聊的生活方式、不解风情的性格、过于世俗的婚恋观、过分强势的姿态、没有精心打理的肌肤、与年代相距甚远的着装风格才是她被剩下，乃至不断被催婚的根源！

一个缺乏自知之明的姑娘，早晚会碰上这样的悲哀：你正痴心苦等的"Mr. Right"，只瞧你一眼，就把你归类为"Miss Wrong"。

起床从不叠被子，头发乱成鸡窝也不管不顾，胡乱洗一把脸就着

当你练出了马甲线，钱包里都是你自己努力赚来的钱的时候，也意味着，你已经结束了愚笨稚气、人穷志也穷，还总被男人骗的脑残岁月。这时的你，已经不会再期盼什么天赐的好运气，因为你本身，就是上天赠予这世界的礼物。

急忙慌地飞奔出去追公交地铁；平日里懒得要死，卧室不到下不去脚的时候绝对不整理，然后迫不得已地在某天集中行动，直到累得死去活来……

总嚷着要找个男朋友，却从不主动勾搭；一直都没有真正喜欢的人，却懒得接受别人的追求；恋爱经历和恋爱的热情几乎为零……

平日里最喜欢强调"宁缺毋滥"，签名档写的是"我只是不愿意将就"，实际上常常羡慕别人出双入对；走在大街上，一脸傲气就像是谁都不够格入你的眼，甚至还宣称"百分之九十的剩女不是没人要，而是她在拒绝百分之九十的人"，可实际上你心里很清楚，不是你没看上别人，而是别人没看上自己……

还没出家门就害怕遇见渣男，刚刚加完微信就担心对方是个骗子，才确定恋爱关系就担心以后能不能结婚，还没结婚就怕将来离婚……

你呀，就是乌鸦落在黑皮猪上，只看到别人是黑的，却看不到自己黑。

要我说，你的父母催婚没有问题，你的七大姑八大姨给你介绍男人也没有问题，你没有经历早恋更不算问题，真正的问题是，你已经是大人了，却还邋遢、懒惰，还不切实际，还脾气比胸大，还嗓门比腰粗……

事实上，你现在的任何一个问题拿出来，都比你的年龄、长相、出身要严重得多。所以，拜托你不要再找理由来做你"没人要"的挡箭牌了。

当你把日子过得乏善可陈，让身体陷入肥胖或病态，再任由青春碌碌无为地虚度，那么就算给你一个浪漫、温柔、富贵的男人，给你一个富足、体面的出身，也降低不了你整个人生的庸俗指数。

我真替你担心，怕你真的在某天嫁人了，是变相地嫁祸于人！

2

樱子今年二十八岁，照她的话说是"正值芳龄二八"。但对她家里人来说，她早就被归类为"大龄剩女"的行列。

一个周末，樱子回家陪爸妈在公园里散步，结果碰见了好久不见的邻居大娘。大娘对樱子的爸妈说："你家丫头可真孝顺。"

樱子一家人谁都没搭话，只是微笑着点了点头。不料，这大娘像是突然明白了什么似的，语重心长地对樱子说："丫头，不小了……"

最叫樱子伤感的事情是第二天发生的。她的爸爸，一个腼腆了六十多年的人，竟然为了她的婚事，厚着脸皮参加了小区里举办的相

少浪费些心思，跟那些不重要的人斗智斗勇，多放些精力，用在赚钱和自强上。残酷的现实是：你弱的时候，坏人就漫山遍野；你穷的时候，破事就逆流成河。

亲大会，他从早上九点一直晃悠到晚上八点，等到会场最后一个人离开的时候，他自认为"满载而归"——收集了一大摞的名片和照片，他的目的很简单，要给樱子最充足的备选！

樱子本来是想发火的，但一看到爸爸殷切的眼神，火气一瞬间就泄了，浑身上下灌满了忧伤。

我问樱子："你觉得你爸爸这么做是因为什么？"樱子想了一下，回答说："可能是觉得我年纪这么大了，嫁不出去让他们丢脸了吧，再有就是街坊邻里都抱孙子了，他们觉得抬不起头。"

我摇头，提醒她再想想。她翻着眼珠子想了十几秒，说："要不就是他们那一代人都早婚，观念上接受不了晚婚，甚至可能觉得我这么大年纪没结婚是一种罪过。"

我又摇摇头，让她再想想，她仰着她那二十八岁的老脸，顺势白了我一眼说："别卖关子，赶紧说！"

我说："最大的可能是，你的单身生活过得一团糟。"见樱子一脸的狐疑，我反问道："他们不在家的时候，你吃的是什么？方便面、薯片，还是外卖快餐？他们对你的工作满意吗？在他们面前，你数落过同事、嫌弃过工资、抱怨过加班吗？到月底或者换季的时候，你伸手要过他们的接济吗？自己的房间能收拾整齐吗？身体的健康程度能让他们放心吗？"

樱子没说话，只是一口干了小半杯的咖啡，然后把脸别向了窗外。

实际上，所有抱怨现状却始终无动于衷的人，其内心的潜台词是一样的："老天啊，请你赐予我花不完的钱、帅得一塌糊涂的王子和一张沉鱼落雁的脸吧"。我说你要不要想得这么美？

其实，父母催婚从来都不是因为面子，也绝不是观念的问题，而是担心你。担心你这个曾经集万千宠爱于一身的小公主，在单枪匹马的日子里，在孤军奋战的异地他乡，是否有足够的实力来照料好自己的身体和生活，是否有足够的能力来保护好自己的心情和梦想。

被催过婚的姑娘，请你反思一下，你因为被催婚而火冒三丈，甚至觉得催婚的人冒犯了你的自由、羞辱了你的爱情观的那些日子，你的生活是不是一团糟？以至于七大姑八大姨会四处打听，帮你物色人选；亲爸亲妈会心急火燎，对你威逼利诱。

要我说，催婚的紧迫程度和你当前生活的糟糕程度是成正比的。换言之，是因为你的单身生活太不让人省心了，所以他们才会逼你找一个男人，为你保驾护航，替你分忧解难。

可是你呢，总是吊儿郎当的样子，作息极度不规律，工作时时在烦心，把日子过得比钟馗的脸还凶险，居然好意思在饭桌上向旁人抱怨，说父母催婚的方式方法不近人情！

三天一感冒，七天一发烧，租来的单人间乱得连自己养的猫狗都嫌弃，月初发的工资少得连买一件新衣裳都紧张，除了摆弄手机和谈论偶像剧之外，再也没什么拿得出手的本事，居然还大言不惭地反击父母，说什么"我想要自由"！

你呀，既做不到衣食无忧，又不能活得优雅淡定，浑身上下散发

变厉害就意味着，曾经因为一点风吹草动的小事就能多愁善感，到如今，即便是翻山越岭，你单枪匹马也应付得来。这样的你，别说拧瓶盖了，消防栓都不在话下！

着一股穷酸、窘迫、不安、焦虑的怪味，分明就是个单身乞丐，居然还厚脸皮地自称"单身贵族"。

3

根据朋友们的抱怨，我将催婚大军划分成两大派别。

一是"豪迈派"，比如火力全开地对你说："找不到男朋友就不要往家打电话""没对象过年就别回来了"；二是"婉约派"，比如看到电视上男女主角恋爱了，就赞美一句"你看人家小两口多幸福"，比如看见哪个帅小伙了，就假装叹息一下说"要是做我女婿该多好"……

另外在现实生活中，除了亲朋故旧之外，那些街道大妈、晨练大爷其实也是催婚的重要力量，这众人群对"大龄剩女"有强烈的讨论欲，毕竟对他们而言，这四个字远比"CPI降了"或者"大盘跌了"要有趣得多。

末了，他们总是习惯性地加上一句"幸好我家没摊上"，那种幸灾乐祸的口吻足以让所有人相信他们会有一个幸福的晚年。

是的，生活就是这样俗气，你无所谓地、糟糕地任由自己"剩着"，不仅严重地降低了你整个家庭的幸福指数，而且还大大丰富了邻里的谈资！

我知道，天天被爸妈唠叨"你年龄不小了""眼光不要太高""再晚就嫁不出去了"的感觉有多糟糕，我也明白，你对街头大妈、邻居大婶、七大姑八大姨的催婚话题有多厌烦，但是，大发脾气然后摔门而出，摆出泼妇的样子和他们撕破脸皮都是最糟糕的回应方式。

　　在我看来，不管是亲朋好友们的好心规劝，还是左邻右舍的有意无意提醒，又或者是一些不太熟的人发出的冷嘲热讽的声音，都从侧面说明了，你当前的生活状况是让人担心的，而不是叫人羡慕的！

　　要我说，剩下来并不可怕，可怕的是你没有做好准备，也没有相应的能力来过好这样的生活。

　　回应催婚的最好方式是，挣更多的钱，养更美的颜，活出更精彩的每一天。

　　你想想，当你有着二十几岁的脸，二十几岁的身材，二十几岁的心态，二十几岁的肌肤，却有着二十几岁的姑娘想都不敢想的事业和财富，这样的你，谁还好意思催你结婚？这样的你，又怎会在意谁来催婚？这样的你，浑身上下只有金光闪闪的三个大字——爱谁谁。

　　需要特别提醒的是，你一方面要学会体谅父母的良苦用心，一方面要试着理解七大姑八大姨的苦口婆心，同时还要保持对婚姻的谨慎态度。因为催婚再可怕、单身再孤独，都没有被人赶着进入一段你还没有准备好的婚姻更可怕。

任性的精髓，不是懈怠，不是打破规则，更不是偷懒，而是你明白自己要成为什么样的人，然后，有能力成为那样的人！事实却是，敢于做自己的勇气，你是一点儿都不缺，可是能做自己的资本，你是一点儿都没有！

再说了，单方面的"降低要求"永远都不是"剩女"的出路。

你要做的，是在追求独立和自由的同时，变得更优秀、更值钱、更好看，而不是将自己当作一个包裹，满怀侥幸地投递出去。如果不够优秀，又谈何拥有？

要我说，这世界只会有剩菜剩饭，是不应该存在剩女的。因为饭菜搁了一夜，色香味会流失，而你活得有滋有味，生得秀外慧中，是不可能剩下的。

怕就怕，你自以为花容月貌，自以为国色天香，实际上枯燥无味、百拙千丑，所以才会可怜得跟卖火柴的小女孩似的满世界嚷嚷，说自己没人要，抱怨命运太刁钻；又或者骄傲得像是世界上仅存的大鹅似的——见人就往外撵！

单身再久，我都劝你不要灰心，上天正在绞尽脑汁地为你做安排，毕竟，要找一个特别糟糕的人来配你，总得多花些时间。

O2/

长得好看的，才能叫吃货

1

　　韩小七一直自称是"吃货"。她的朋友圈就像是一个美食家开设的专栏，谁家的日本料理最新鲜，哪条街的蓝山咖啡最正宗，她都会一五一十地记录下来。

　　除了提供单纯的美食攻略之外，小七也有卖萌的时候。比如吃火锅的时候，她就给照片配文字"我不是饿，只是舌头太寂寞"；参加公司的晚宴，她的照片配图文字是"人家不吃我吃，人家吃我跟着吃"；吃自助餐的时候，配图文字变成了"很高兴今天没饿着"。对小七而言，开心的时候要吃好吃的庆祝一下，难过的时候要吃好吃的安慰一下，无聊的时候要吃好吃的消遣一下，愤怒的时候要吃好吃的发泄一下。

平时和谁碰面了，有人习惯性地问小七"吃了没"，她就会一本正经地提醒对方："不要问我'吃了没'，而要直接问'吃饱了没'。"有人笑话她，叫她"饭桶"，她则会打趣地纠正对方："请叫我吃货，饭桶是能吃，吃货是会吃。"

小七绝对是属于"会吃"的那一伙的，堪称是"美食的风向标"。她知道哪家饭店最好吃，也知道"炒鲜虾之前用浸泡过桂皮的沸水冲烫一下""做牛肉的时候加一点啤酒"之类让美味升级的方法，最没天理的是，她是一个身材苗条的美女！

我调侃道："你说你天天吃好吃的，还长得那么苗条好看，老天爷还讲不讲点儿道理了？"

她笑道："我是天天吃好吃的，可是我吃得少啊！"

我吃惊地问："你们吃货界的法则不是眼见为食吗？"

她答道："是啊，但没有人要求你吃到撑着啊！浅尝辄止就够了，一个真正的吃货，对食材和身材都一样苛刻。"

原来真正的力量是克制，就像是能够赤手空拳把一块巧克力掰成四块，然后只吃掉其中的一块！

别人在美食面前跃跃欲试，然后挑了几样尝尝鲜，就告诫自己马上放下筷子，你在美食面前同样是情不自禁，可就算吃饱了，你还能往嘴里塞两大口。那结果必然是别人晒着"刺眼"的 A4 腰，而你只能天天提着个"游泳圈"，像长在腰上的胎记一样——消也消不掉，遮也遮不住！

别人知道早上空腹的时候来一杯蜂蜜柠檬水，晚上睡觉前认认真真地补个水、刷个牙，你则是前一秒说养生、瘦身，后一秒就吃到撑；明明是满脸痘痘还熬夜追剧，累得满眼金星了就"不要脸"地睡去；明明是满嘴蛀牙却偏偏嗜甜如命，撑到快爆了还不忘再来一份甜点！

于是，你的信仰在美食、玩乐、懒惰之外又增加了一个——美容产品的广告商。因为他们天天都在嚷嚷：打一针就能马上白得像纸片儿，晃一晃肚子就能瘦出 A4 腰，趴着做个白日梦就能美得六亲不认！

我想提醒你的是，如果你的皮肤是暗淡无光的，那么再名贵的美白针、再高级的粉底也拯救不了你；如果你的肚皮一直都是一副"腐败相"，那么再有质感的衣服也挽救不了你；如果你的眼袋、痘痘每天都显得"很富足"，那么再浓的妆容也抢救不了你。

唯有日复一日的锻炼，唯有落实到细微处的自律，唯有对美食保持克制，你才能有效地对抗来自时间的破坏力。否则的话，你会永远面临"贪吃还胖，懒惰还丑，有深情也会被辜负"的风险。

当然了，我也知道这很难，否则的话，满街都是美女了！

很多人都以为自称是"吃货"会显得自己可爱，其实并没有这样的效果。长得好看的，才能叫吃货。

2

    朋友圈里天天喊减肥的一抓一大把，可真正减肥成功的寥寥无几。缇娜就是减肥成功的典范人物——六个月的时间，体重从一百四十斤减到了九十五斤，而且看起来还很健康，气色、状态都很好，所以可以判断不是靠吃药、手术吸脂之类的方法。

    为了寻得减肥的妙招，我向缇娜这个"曾经的胖子同胞"取经。看到瘦身之后的缇娜，我还是很难将这张好看的脸和之前印象中的那个胖姑娘联系起来。一年前的她被母亲大人逼着相亲了六七次，每次都是一见面就 Game Over。以至于缇娜自嘲道："我这简直就是参加秒杀活动啊！"

    我问她："那你这次怎么瘦得这么'过分'？"

    她笑着说："总的来说，是惨绝人寰的自虐，然后连续自虐六个月，这才勉强挤进了好看的那道'窄门'。"

    我又问："可你哪来的自虐的勇气呢？"

    缇娜一脸严肃地对我说："在见到被介绍的'对象'的那一瞬间，我就明白自己在媒人眼里究竟是什么货色了！"

    原来，她被失败的相亲一次接着一次的伤害着，外加她身边的人一直都拿"胖"来奚落她，什么"你这么胖能不能眼光别那么挑""你再胖下去怕是嫁不出去了"。一怒之下，缇娜开始了疯狂的运动减肥和近乎苛刻的节食减肥。

对于一个吃货来说，没有人知道她为管住嘴巴多吃了多少苦；对于一个胖子来说，没有人知道她为迈开腿多流了多少汗，但所有人都为她变好看了而默默点赞。

从"土肥圆"变成"高白美"的过程注定是苛刻的、残酷的，毕竟掉的是自己的肉啊！承受这样的苛刻和残酷，既需要变美的决心，更需要自虐的狠劲儿。你要记住，如果你不虐自己，就会轮到别人来虐你。

那些减不下来肥说是"体质问题"，完成不了任务说是"时间不够"，皮肤粗糙说是"天生就这样"的人，多数都是因为对自己太好了！

别人是好吃也尽量少吃，不好吃就干脆不吃，你食欲特别好，好吃你就往死了撑，不好吃你也要吃个饱！

于是，你一边自称"吃货"，一边喊着"我要减肥"，一边努力却减不下来，一边减不下来还努力吃！

最后，别人婀娜妩媚，成了活在人间的仙女，而你只能继续圆圆滚滚，就像一个行走在人间的受气包，只能将"变美"这种事情寄托于下辈子——重新投胎一回。

可你想过没有，当有一天，你的情敌比你瘦、比你美，你男友的前任比你瘦、比你美，你前男友的现任比你瘦、比你美，你讨厌的女主管比你瘦、比你美，那样的世界该有多可怕？

3

　　夏洛蒂·勃朗特在《简·爱》里有这样一段话："你以为我贫穷、相貌平平就没有感情吗？我向你发誓，如果上帝赋予我财富和美貌，我会让你无法离开我，就像我现在无法离开你一样。虽然上帝没有这么做，可我们在精神上依然是平等的。"

　　这段话被无数女生视作婚恋宝典，以此来宣示自己的恋爱规则——在精神的世界里，要做一个和男人平起平坐的人。但相信看过小说的人都知道，简·爱小姐经历了何等坎坷的人生，拥有何其惊人的毅力才有资格说这样的话。

　　而你，连一帆风顺的人生都过不明白，有什么资格做精神上的贵族？连象牙塔里的生活都没过好，凭什么强调精神上的平等？

　　过想要的生活，走喜欢的路，选择所爱的人都是需要资本的。在你又胖又懒的时候，就别欺骗自己说"未来一定有人在等着遇见我这样的人"；在你无精打采、邋里邋遢的时候，就别寄希望于哪个王子能够骑着一头瞎马撞到你。而是要想一想，好男人为什么会在未来等自己，自己又有哪一点配得上让王子叫停马步？

　　感情的世界里，并没有小说里讲的那么多美丽的邂逅，也不会像童话故事里渲染的那么纯粹，它很势利，也很不公平。如果你和对方的差距很大，那么你就免不了要过诚惶诚恐、小心翼翼，不敢闹，不敢纠缠的日子。

你连不满的资格都没有，又哪来平等可言呢？

所以亲爱的姑娘，你一定要警醒起来，不能再由着自己这样胖下去、丑下去了。

你不试着掌控自己的人生，那么一定会有人来控制你的余生；你不拼命减肥，那么早晚有一天，肥胖会让你受尽难堪之苦。

所有的自由、美好的背后，都藏着一点儿惨烈的自虐气息，都需要你不断地自我磨砺才能换得。

虽然每个人都有老去的一天，但不同的是，懒散放纵的人会老得快一些，而严于自律的人会老得慢一些。

对于自律的姑娘来说，就算有一天，岁月夺去了你的容颜和轻狂，也会补给你嘴角上扬的资本。诚如香奈儿所说，过分地强调精神而忽视外在，这是很肤浅的。你得漂亮，长长久久都得漂亮。

一个姑娘家，应该看起来是美美的，闻起来是香香的，摸起来是滑滑的。一直这样生活的你，就算到了七老八十，走在路上也会有男人向你吹口哨，那时候，你就可以摇一摇你那纤纤玉手，优雅地对他说："别闹，我是你奶奶"。

你的信仰在美食、玩乐、懒惰之外

又增加了一个——美容产品的广告商。

因为他们天天都在嚷嚷：

打一针就能马上白得像纸片儿，

晃一晃肚子就能瘦出A4腰，

趴着做个白日梦就能美得六亲不认！

O3/

姑娘，你一定要很有钱

1 |

好友 Alice 在朋友圈里发了一条消息："我发誓一定要做一个有钱的姑娘！"不但措辞强烈，而且结尾还加了几个怒火冲天的表情，配图则是一只愤怒的小鸟。

问其原因，她给我讲了逛街时遇到的糟心事。她在一家奢侈品店里看中了一条黑色的短裙，试了又试，看了又看，喜欢得不得了，可一看价格，她又犹豫了，"约等于自己一个半月的工资"。

正在 Alice 做激烈的思想斗争的空隙，站在一边的女店员一脸嫌弃地说："小姐，你要是买不起的话，就不要翻来翻去了，这是限量款，弄出褶了，老板会罚我钱的。"

这句话让 Alice 足足懵了半分钟，她就那么怒目圆睁地盯着那个店员，末了，她还是低着头，拎着包，心虚地、逃跑似地离开了。因为她猛然意识到，女店员说的确实没错，她确实是买不起啊，她要一个多月不吃不喝、露宿街头才能负担得起这一条短裙。

Alice 最后说："要是我有钱，我就掏出一沓一百块钞票，直接甩她脸上！"

你看，对一个女孩而言，钱竟可以和尊严画上等号。

有钱的意义是什么呢？

有人说，只是出门去溜达一会儿，结果路过某奢侈品店的橱窗，觉得那件外套不错，就马上进去试穿了一下，随后，打包、付款、一气呵成，前后不到十分钟。

有人说，只是在商场里闲逛，然后偶然地试了一堆口红，觉得哪几种颜色特别适合自己，管它是 Bobbi Brown，还是 Chanel，觉得好看就刷卡，信手拈来。

还有人说，有钱了就可以喷上千元的香水，可以不再为了一顿饭究竟花了多少钱思前想后，也可以顺手买一件万元的短裙……

更准确地说，有钱的意义不是可以肆意挥霍，而是有更多的选择。

有钱才能在年纪轻轻的时候就过上自己想要的生活，而不是等到七老八十了才频频回首，满是遗憾；有钱才能拥有自己喜欢的东西，而不是在遇见了喜欢的东西时，发现钱包空空，只能尴尬地扭头就走。

所以我的建议是，别再去听什么成功学的演讲，那些已经成功的人只会麻痹你，因为他们是用赢家的眼光来看待这个世界。他们表现出的"金钱不重要"的姿态，离你这种"还要为梦想分期付款"的人实在太远。

更不要去听那些"从未经历过为了生存而放下尊严"的人胡说八道，他们只会轻描淡写地聊着"如何潇洒""如何体面"地行走世界，他们的高谈阔论对你毫无意义。

我知道，不是你不想酷一点儿，不是你不想潇洒一回，而是你清楚地知道，根本就没有人为你的酷、你的潇洒埋单！

2

对一个姑娘而言，金钱有多重要呢？独自在上海打拼的琪告诉我："金钱决定了一个女孩的底气！"

初到上海时，琪是孤独的，甚至可以说是落魄的。在亲情、友情都极度稀薄的异地，她为了省钱而到很远的地方租房子，为了少坐两站地铁而走很远的路，甚至为了省电费而舍不得用电暖器，为了少出一次聚会的份子钱而借故躲在家里吃泡面……

就在琪无助而迷茫时候，一个"自带光环"的男人出现了。他帅气、体贴、温柔，在琪看来，"他是上天派来拯救自己的王子"。

没过多久，琪的生活确实因为这个有钱又有闲的男人而发生了翻天覆地的变化，她从潮湿阴冷的出租房搬进了富丽堂皇的公寓，她从省吃俭用的"打工妹"变成车接车送的"少奶奶"。可正当琪满心欢喜地计划将来的时候，她突然发现，这个男人有不下五个"女朋友"，而他在每一个女朋友面前，都是浪漫的、潇洒的。

　　至少有三天，琪没日没夜地哭，像极了一个在初春快要融化掉的雪人。

　　哭完之后，琪问那个男人："这些都是真的吗？"

　　"是的。"

　　她又问："你爱我还是爱她们？"

　　"都爱。"

　　她还想问什么，突然被那个男人打断了。他一改一贯的温柔，粗暴地说："我这是看得起你。要么，你就住在这公寓里，然后闭嘴；要么你就从这里搬出去，回到你那破出租屋里！"

　　琪没再说什么，她一个人，咬着牙、噙着泪，大包小包地往公寓外扛，再一件一件地往出租屋里搬。

　　搬走之后的琪变得越来越独立，也越来越优秀，经过三年的打拼，琪成为了公司里为数不多的女主管。对于琪这样优秀的姑娘，追求她的人很多，甚至连琪公司老总的儿子也追求过她——有时送花，有时送首饰，还有一次送来了一把奔驰车的钥匙……但都被琪一一拒绝了。

对于一般的姑娘，在这样的金钱攻势之下，恐怕早就沦陷了，但琪没有。她自己会挣钱，她买得起想要的东西，所以她的腰杆可以挺得直直的。

她大大方方地回复道："我根本就不喜欢你，你趁早鸣金收兵吧！"

我问琪："后悔过吗？你这么爱钱的人，怎么会和钱过不去？"

琪说："不沾汗水的钱，早晚会沾泪水。"

我又问："有没有笑话当年的那个自己太傻了，以至于被那个渣男骗得太惨？"

琪笑着说："其实这也怪不得我啊，不是有人说了嘛，'渣男必然匹配一个专业说谎的嘴巴，败类必须搭配一张刀枪不入的脸皮'。"

你看，当你有了足够的金钱做后盾，就会变得底气十足。在你孤立无援的时候，金钱可以为你助威；在你面对威逼利诱的时候，金钱可以替你撑腰。

3

在一档求职类电视节目中，一个女生问主持人："我今年26岁了，现在在北京有一份朝九晚五的工作，前不久，一家香港上市公司的 HR

给我发了一个面试通知，但要求我去香港面试，并且成功率很低。我现在需要考虑时间、机票等成本问题，你说我该不该去试试呢？"

主持人回答说："如果你家里条件不错，只需要注意路上安全就行了。即使没成功，也不过是两张机票的事儿，如果成功了，则可能是平步青云。"

"但是"，主持人话锋一转："如果你的经济条件很一般，现在的收入是入不敷出的状态，建议你还是谨慎一点儿，因为两张机票钱很可能是你两个月的生活费。"

你看，同样是机遇，为什么有的人被鼓励去试试，而有的人则是被建议谨慎一点呢？差别就在于"有钱"和"没钱"。

有钱，你就有更多的可能性。这意味着你有很多的试错机会，意味着你比别人有更大的能力去抵消失败带来的冲击，意味着你不必为了一时的得失而小心翼翼，意味着你有更大的勇气去尝试，去选择。

你不会因为爸妈催婚而苦恼，因为你已经不需要啃老，甚至可以挥舞着钞票对爸妈说："别担心我，去享受生活吧，使劲花，别心疼！"

你不会因为没有男朋友而担心自己成为大龄剩女，因为你从来都不把青春当成感情的筹码。

你不会因为面对劣迹斑斑的丈夫还死守婚姻，因为离开这个男人，你也有足够的物质条件让自己安稳生活。

是的，金钱确实不是万能的，它确实买不到所有的幸福，但金钱能够在你和幸福之间架起一条桥梁，让你踏实地走在上面，去迎接另一端的美好。

你还会发现，你的尊严、底气，你的生活品质，你改变现状的勇气和说走就走的能力，以及你帮助别人的机会，无不与金钱相关！

4

在你最喜欢的那款手机面前，你要盘算一下银行卡的余额；在拿着菜单的时候，你要思前想后地审视对比每一盘菜的价格；在你为了工作忙得焦头烂额，而别人正享受诗意和远方时，你只能忍受着眼前的苟且……这，是你的现状吧？

试问一下自己，那些让自己苦闷的问题，是不是绝大多数都可以通过钱来解决？那些在生活中让自己感到快乐的事物，是不是大多数都和金钱密切相关？

尤其是对那些独自在大城市里打拼的姑娘而言，金钱是一个人抵御孤独的"黄金圣衣"。

用一笔钱换一杯热气腾腾的咖啡，可以终结一整晚的孤枕难眠；

用一笔钱换一套优雅大方的时装，可以抵消一整月的埋头苦干；用一笔钱换一张去大堡礁的机票，可以击溃大半年的百无聊赖……

这些快乐是纯粹的，是别的任何事物都不能替代的。

很多女孩子都绝顶聪明，她们往往是判断题的高手，也是分析题的强人，却也同时是实践课的差等生。简单来说就是："我知道有钱很好，也知道没钱很可怕，可是虚度年华的感觉好过瘾啊！"

有人说："我可以没有金钱，却不能没有尊严。"但现实情况是，没有钱，你拿什么来保护自己的尊严？

有人说："别跟我谈钱，谈钱伤感情。"但现实情况是，没钱才伤感情。

有人说："我要保持独立的人格，我才不会成为金钱的俘虏。"但现实情况是，没钱的灵魂根本就没办法硬气地站立。

有人说："要孝敬父母，给他们长情的陪伴就够了。"可现实情况是，没钱根本就给不了父母安详的晚年生活。

所以，亲爱的姑娘，除了爱情之外，你还要找到能让自己立足的东西——Money。没有钱，你拿什么呵护你的亲情，支撑你的爱情，联络你的友情，靠嘴吗？

别闹了，大家都挺忙的！

说过很多潇洒的话，
做过很多打脸的事

1|

年轻的上班族，到月底都穷。灰灰就是"月光族"的杰出代表。她的生活常态是，月头忙死，月尾穷死。

以至于她常常自嘲道："同样都姓'灰'，别人家的灰姑娘最后都穿着水晶鞋了，我这个灰姑娘却是名副其实的又土又灰！"

灰灰在一家设计公司上班，每天早上八点钟就得挤地铁、倒公交地赶到公司，晚上十一点多才能从公司里回家，加班到下半夜两三点也是常有的事。

月头忙的时候，她还可以用刚到账的工资来抚慰心灵，月尾穷的时候，她就只能跟我发发牢骚了。灰灰最爱跟我说的一句话是："老杨啊，我都快累死了！"

我了解灰灰，她确实是一个很"忙"的人。比如说，为了找那双她最爱的匡威白鞋，她可以翻箱倒柜四十分钟；为了追地铁，她可以像个扛着炸药包的战士一样在人群中"杀开"一条路；为了避免"迟到扣钱"这种"严重事故"的发生，她敢闯两个红灯，再经过四百米冲刺去打卡……然而即便如此，公司发奖金、升职的机会从来都没有和灰灰发生过任何关系！

其实我想说的是，你以为每天能准时地坐在电脑前，每个月能按规定出现在公司里就行了？不，不是这样的。既然你的正经工作都是抽空完成的，那老板发奖金、提拔员工的时候，怕也只能抽空才想得到你！

你有没有想过，为什么你的时间总是不够用？为什么你买稍微贵点的东西，都要不自觉地把它折算成自己多少天的收入？为什么你以前看着数字就头晕脑胀，现在愿意对着数字精打细算，还时刻惦记着要怎么花钱才能熬得到月尾？

为什么你正值青春的花样年华，却穷得只剩下理想，忙得没时间生活？

实际上，绝大多数人的疲于奔命，不是因为忙，而是心态出了问题，是眼下的生活不能如人所愿，是对当前的生活不知所措。

但是，如果你不能以一种主动的、有规划的方式去对待生活和工作，那么你即使什么都不做，依然会觉得疲惫。

比如你忙着回复一封又一封无关紧要的邮件，忙着参加一个又一个无聊的会议，忙着从一个聚会赶到另一个聚会，忙着在节假日跟微信里每一个熟悉的和不熟悉的人说没完没了的、便宜的祝福语……

比如你每天两点一线，在家和公司之间步履匆匆。一大早忙着挤上即将关门开走的公交，好不容易来到公司忙着准备资料、制作文件、接待客户。终于熬到下班，行尸走肉样的状态却不忘刷朋友圈，在手机里看着大家都在为生计而奔忙。

可如果谁要是问你，"怎么你老是这么忙？都干了些什么？"你就算皱紧了眉头，想破了脑袋也只能给出一个这样回答："呃，我也记不住都忙什么了，反正就是很忙！"

你呀，像极了一只在泳池里瞎扑腾的旱鸭子，一直抓住一个叫做"工作忙"的游泳圈不肯放手。因为忙，你懒得去做面部护理，懒得主动去联系客户，懒得跟恋人好好看个电影或者愉快地聊聊天，于是你的脸黄了，订单黄了，爱情也黄了。

于是，"我好忙"变成了你的海洛因，变成了让你麻木的精神抚慰品。它让你忘记为了什么而出发，忘记了你的最终目的是什么，就像把你绑在了旋转的八音盒上，看起来美妙，听着也舒服，却是周而复始的、无意义的瞎转悠。

嗯，那你就接着懒吧，以后很失败的时候，还有可以安慰一下自己的理由——万一努力了还不成功，那不就尴尬了？

2

"你这么忙，为什么从不喊累？"

我把这个问题抛给了另一个很忙、很穷，但很少听到她抱怨的姑娘，她叫樱桃。毕业三年来，樱桃在一家电视台里做导演助理，工作内容大约是"给某某演员打个电话""去催催某某主持人快一点儿""帮我去楼下要一杯咖啡，哦，多要一袋糖！"

樱桃笑着回答我："我不觉得我很忙啊，我特别享受这种状态，它最迷人的地方是，我可以向一帮有脾气、有经验的人学习，并且在我最喜欢的地方工作。我若成功了，我可能因此收获很多——比如友情、爱情、财富、阅历……就算我最终失败了，在这个行色匆匆的异乡城市里，也不会有人注意到我的神色有多落寞，并且，我永远有机会重新来过。"

对一个阅历、能力、实力有限的女孩子而言，年轻是你的资本，但同时也是你的软肋。你可以凭借着年轻的资本，去蛰伏、去经历、去磨炼、去提升，而不是借着年轻气盛而肆无忌惮，肆意挥霍。

有一阵子，一篇名叫《退掉一门课吧，别忘了我们就读名校的初衷》的文章狠狠地火了一把。内容大致是说："我们上大学的目标是发现自我、寻找人生的意义，而不是在各种作业、考试和社团之间搞得焦头烂额。"

大体一看，以为真是那么回事，但仔细想想，才发现它大错特错！

在大学里，你没有找到自我，没有发现人生的意义，绝对不是因为大学的作业太多，很可能是韩剧让你欲罢不能，美剧让你不能自已，网购让你难以自制！

在课余时间，你没有完成论文，没有做好社团工作，绝对不是因为社团的事务太多，很有可能是你熬夜刷网页的时间太多，你人际交往的能力太差！

用一句流行的话来总结就是："大部分人的努力程度之低，远远没有到达要拼天赋的程度。"但是直接承认自己努力程度不够又显得不好意思，于是就给自己找了一堆看起来冠冕堂皇的理由。

人最大的虚伪，莫过于用一个看似合理的理由来安慰自己的懒惰和无能。但希望你能记住，你现在为了舒服而少走的路，都会变成你将来要多吃的亏！

在你二十几岁的时候，你学习新本事的精力、体力和动力都是最好的，为什么要为一时的安逸、轻松而放弃变好、变强、变好看呢？

再说了，你来到这个世上，不是为了给自己省麻烦而活的，而是为了成为一个真实的、有血有肉有灵魂的人而活。

3 |

你的日子是这样的吧：手机不敢离身，怕错过任何一条信息、邮件、电话；精神上二十四小时待命，以备某个重要客户的"友情建议"。

即使你抽空去看了场电影，期间如果突然看见手机上有个陌生号码的未接来电，就会在心里琢磨半天；如果突然有几天能够准时下班，你甚至会有点不知所措——不知道回家早了要做什么……

不知不觉间，你成了既穷、又忙、还茫然的那一拨人。

发工资的时候，你会抱怨："计划要花出去的钱，总是比挣得多""工作越来越熟练了，事情却也越来越多了"。

朋友邀请聚会的时候，你会扭扭捏捏地说："这几天我实在是太忙了，等过几天再找你""最近我有个策划案要做，下次再和你单约"。

看见某件心仪的外套时，你会谨慎地掩藏好自己贪婪的眼神，然后在心里嘀咕道："哇，好喜欢这件，可这也太贵了，还是算了吧"。

所有穷姑娘们的计划都惊人的一致："等我有钱了""等我升职了"或者"等我有时间了"……

朋友邀你去看电影，你看看时间说一会儿还要工作；看到朋友圈有好玩的事，你自言自语地说等下次也要这么玩；看到别人在学时髦的插花课程，你说等忙完就去报名……最后，你想做的事都没有做，却还是很忙。

你熬夜，以为因此可以争取时间，但白天却因为精神不足效率低下；你减少室外运动的时间，以为能给工作留下充足的时间，就能早点完成任务，但健康状况亮了红灯，你根本就没有足够的精力来进行工作。

没有周末的时候，你就想有时间能好好睡一觉；能睡好觉之后，你想要有假期去旅行；有假期旅行之后，你想要更多的自由做别的事；自由了之后，你还是想要更多的钱。

于是，所有你想象出来的美好计划、缜密规划，都在时间的考验下，变成了一个接一个的笑话！

另一个与此完全相反的活法：做事从来都没有计划，有的只是没完没了的忙碌。这样的人仿佛是，只要活着，就多多少少得给自己找点事儿做。

我想提醒你的是，真正有意义的忙，是饱满的、温暖的、带有某种兴奋感的，而不是空洞的、冷漠的和情绪低落的；是带着某种目的的隐忍与坚持，而不是无所适从时的焦虑和敷衍！

那些有主见的姑娘就像是行走在平凡世界里的女骑士，她们既有为了结果而奋力一搏的勇气，也有低到尘埃中追寻梦想的坚毅。她们感受到的是自我压榨之后的极致愉悦，是走出迷雾之后的柳暗花明！

那么，请你再好好想想，你正在忙碌的那一堆破事儿，对你而言，真的有意义吗？

据说，这个世上有三种笨鸟，第一种笨鸟不笨，但自己不想飞，于是哪儿都没有去；第二种笨鸟是真的很笨，却在努力飞，还是依然哪儿都没有去；第三种笨鸟不但笨，还懒得飞，只能在窝里下个蛋，等蛋孵出来，让下一代使劲飞！

你别急着告诉我你想做哪一种笨鸟，因为我想说的是，你要避免成为其中的任何一种！

顺便提一下，别再妄自菲薄、硬说自己不会乐器了，你的退堂鼓打得特别棒！真的！

他只是喜欢撩你，不是真的爱你

1 |

　　大妮第一天上班的时候，就被公司里的一个男生"盯"上了。在异地他乡，大妮是这座城市的陌生人，而这个男生则主动扮演了"导游"的角色。他帮大妮熟悉公司，指导她的工作，带她去看新电影，带她去吃特色小吃。从工作到生活，男生处处都很热心，这让大妮心里暖暖的。

　　大妮在微信里问我："哪里有好吃的，他就带我去；哪部大片上映了，他就约我；上班的时候提醒我哪些是上司的雷区，晚上又会提醒我要反锁房门。你说，这男生这么关心我，算是在追我吗？"

　　我反问了她一句："他表白了吗？"

大妮说:"没有,可能是害羞吧。"

我说:"没表白算什么追?如果真是害羞,那还真算是天大的好事,怕就怕,他的真实想法是舍不得放了你,可收下你又觉得亏。所以他只是撩闲,根本就不打算追。"

大约一周之后,大妮给我打电话来,开口就是:"老杨啊,你说的太对了,他真的只是在撩闲。"

原来,经过一段时间的相处之后,大妮发现这个男生和公司里的每一个女生都很好,在和女同事的聊天中,大妮听说他对每一个新来的女生都很殷勤——热心满满,处处周到。

最让大妮生气的是,所有没和自己在一起的周末,这男生一定是和另外的女生在一起。而大妮在回看聊天记录时发现,他在和别的女生约会时,还时不时地给自己发来一两句关心的话"在干吗呢?""中午吃了什么?"

大妮说:"想想真是太恶心了。"她开始懊悔,抱怨,甚至还夹杂着一两句咒骂。

我打断她说:"打住打住,你自己也有问题,明明就是你觉得他对你有好感,甚至要追求你,然后摆出了一副'你快来追我吧,我准备好了'的姿态,那他无聊时不撩你又撩谁呢?"

下班了，你百无聊赖地躺在沙发上发呆，恰巧他给你发了一句关心的话，你激动得一整晚辗转反侧；周末了，你一个人在街头晃荡，巧合地接到了他的邀请——"一起去看电影吧""一起去吃饭吧"，惹得你兴奋到差点儿撞上电线杆。

是的，我明白，你只是孤独，所以一看到谁给你讯息，就激动得像是天文学家接收到了外星人的电波。

但我要提醒你的是，受宠若惊的你，请先别急着掏心掏肺，而是要冷静下来分析，对方到底是人还是鬼。

行走在这花花世界，遇到烂桃花，谁都难免。无非是一些似是而非的眼神，一些暧昧不清的暗示，一些不走心只走肾的挑逗。你以为他很在乎你，你以为对你关爱有加，但实际上可能只是你一个人的自以为是。

世间情，最怕的是你一片真心，而他在玩套路。

他啊，只是群发了一句祝福以求回应，只是无聊了找个人打发时间而已，但他的无聊之举，却足以让你满怀期待，小鹿乱撞。

他啊，只是给你传递了一个廉价的关怀，只是向你展示了一下"无限量特供"的体贴，却让你对他好感满满，甚至认定他对你情比金坚。

结果变成了，先撩人的是他，先放手的是他，最后他活得云淡风轻，而你却在念念不忘。

别傻了，他的那些晚安，不过是为了让你闭嘴罢了！相信我，忍受孤独比忍受渣男舒服多了。

2

咏仪在大学时就是名声在外的美女，学校大大小小的各类晚会，她都是女主持人的不二人选。

有人赞美她是校花，她就微笑着回复别人一个"谢谢"，有人满脸堆笑地约她周末去看电影，她就凶巴巴地回复别人一个"滚"。

在熟悉咏仪的人看来，她不仅美，而且知书达理，善解人意。但在不熟的人看来，她虽然美，但有点儿冷。

追咏仪的人很多，但她整个大学四年都没有谈恋爱，更没有和谁暧昧纠缠过。闺蜜说她，"这么美的年纪不谈恋爱简直是太浪费了。"她笑着说："这么美的年纪和不付出真心的人谈恋爱，那才叫浪费。"

朋友聚会的时候，难免会遇见几个陌生的男孩来搭讪，但从来没有谁能从她那里得到手机号码。朋友怂恿她"试着接受一下条件还不错的，说不定可以日久生情"。她还是摇摇头说："他们只是在撩漂亮女生，我要的是靠谱的爱情，道不同不相为谋，何必要试呢？"

我听得出来，她的潜台词是："我分得清什么是真情相邀，什么是假意周旋，所以不想参加这场满是套路的假面舞会。

对啊，就算你表现出了孤独寂寞冷的样子，也得不到一个真诚的拥抱，那还不如就像不缺爱似地承受这孤独，至少看起来是一副很不好欺负的样子。

这世间，最可耻的事情莫过于他戴着一张"绝世好男人"的面具，去接近你，然后，一步步地击溃你精心构筑的防线，一点点蚕食你伪装出来的坚强，像蛀虫一样在你心上肆意地啃噬，可等到你满心欢喜地期盼他摘掉面具，和你演一场风花雪月的故事时，他却连与你坦诚相对的意愿都没有。

最后的结果往往是，你心里空空落落、拔凉拔凉的，而他却是毫发无损，全身而退。

这世间，最可怜的事情莫过于你在走心、在谈情，而他却在走肾，在玩套路。

这些套路无非是：刚开始揣摩你，之后试探你，等到认定了你很孤单脆弱、很寂寞感伤的时候，他就变身为特大号的暖宝宝，要么含情脉脉地对你说"我愿意借你一副肩膀"，要么深情款款地对你说"我会一直陪着你"。

一旦你的防备在这份暖流里松懈了，暴露出内心深处的寂寞，再表现出半推半就的姿态，那他就会趁虚而入，全盘接管了你的感情。

这样的男生，往好听了说，是"中央空调"式的暖男；往难听了说，就是"有贼心没贼胆"的机会主义者。他们的宗旨是"不让你陷入孤独，也不对你的感情负责"，他们惯用的手段是"空手套白狼"。

得手了，他和你花前月下，之后再突然地移情别恋，留你一个人不知所措；没得手，也只是假装尴尬地笑笑，然后从你的全世界路过，任由你在墙角里耿耿于怀。

事实上，你越是模棱两可，他就越发得寸进尺；可如果你能把握住交往的底线，自尊自爱，他就会审时度势，知难而退！

怕就怕，你太天真，遇见了身份不明的感情，就冲动得像海鸥捕食那样，一头扎进水里，全然不顾生死。

3 |

有个姑娘问我："为什么有些男生变化那么大？刚开始喜欢我的时候，热情得不得了，可等到自己想着要和他更进一步的时候，他却慢慢地变得冷淡了，甚至最后提议要和我'好聚好散'，或者说'还是做好朋友'。"

我反问她："为什么一定要觉得是他一开始就很喜欢你，后来不喜欢了呢？为什么不这么想，一开始，他只是假装不那么讨厌你，后来相处下来，发现实在是装不下去了。"

其实有些事根本就没有你想的那么复杂，他对你忽冷忽热就是把你当备胎，他让你感到患得患失就是不够爱你。

或许，他跟你一样，很久没有谈恋爱了，恰好看见你单身，于是就随便撩一下；或许，他在一段感情里受了重伤，现在刚好伤愈复出，所以不再敢动真感情；又或许，他也正被家里人逼婚，而你恰好出现了。

是的，你只不过是恰好出现了，算不上天造地设，更不算命中注定。

你呀，只是他左右权衡之后，觉得还算不错的一个选项，并不是他所有选项中置顶了的、不容替代的、有优先权的那一个。

所以，别傻了。"好聚好散"只是给你一个不那么难堪的说辞，"还是好朋友"只是他递过来的一个不那么血淋淋的结局。所以，别再纠结原因了，毕竟你要找的是非你不可的人，不是可有可无的人。

要我说，你其实也不算真的难过，因为你根本就没有那么在乎他这个人，你只是无法接受他突然不爱你而已。

如果一个热情的男生突然从你的世界里消失了，请你马上去放一串鞭炮吧，因为他至少给出了一个鲜明的态度，最可怕的撩闲是"拖着"，让你以为还有希望，但事实是，他不仅不爱你，还懒得跟你解释为什么不爱你。

切记，不要一遇到撩你的男生就以为那就是"对的人"。这世上并不存在为你而准备的那种"对的人"，就算有，他也绝对不是靠混日子等来的，而是你不断闯关，不断打败小怪兽之后，用赢得的积分去兑换来的。更准确地说，是你不断升级，不断优化之后，理应就能遇见的。

所以，要么沉默着步步为营，要么潇洒地一刀两断，千万不要把那些不靠谱的情事放在嘴里咀嚼出味道来，老皮老肉、怨气满满的女人是最可怕的！

唯有你自己的世界里物产丰饶，精神食粮足够让你自给自足，你才不会寄希望于命运，或者非得拿他人画的饼来充饥！

所以，与其纠缠不清、喋喋不休，还不如一别两宽，各自欢喜。从今以后，嘴要甜，心要狠，该留留，该滚滚。

希望你早日明白，岁月悠悠，除了快递，谁都不必等。

你来人间走一趟，不是为了出洋相

1

　　Lisa 约我去喝咖啡，说是有心结。我到的时候，她已经帮我点好了咖啡，所以我刚坐下来，还没等我把气喘匀呢，她就迫不及待地开始吐苦水。

　　事情的起因是 Lisa 最近总是和公司的一个姑娘撞衫，这让她很难受。更让她讨厌的是，每次她穿了什么新款外套，那个姑娘都会热情地赞美她，然后问她在哪里买的，没两天，那个姑娘就买了同款。Lisa 抱怨道："别人撞衫都是无意的，她是'找我撞'啊！"

　　我说："这说明你的眼光不错，她是太认可你了。"Lisa 极其痛苦地说："可她穿出来的效果比我好看一百倍啊！"

我跟 Lisa 认识二十多年了，从穿开裆裤到现在，她一直都是标准的"乖乖女"，是名副其实的"别人家的孩子"：七岁就背熟了《唐诗三百首》，十一岁就开始看《资治通鉴》，十六岁心血来潮想学外语，结果二十二岁就精通英、俄、日、法四国语言。

可以肯定地说，Lisa 的能力没有问题，但她的身材却成了她最大的短板。她既胖，又没有站姿和坐相，永远是一副高三的好学生正在上晚自习的佝偻模样。

所以，就算 Lisa 工作很认真，可升值加薪永远都和她没关系，得到褒奖的经常是那个找她撞衫的姑娘；就算 Lisa 买的衣服都很有品质，可穿出来却鲜有看相，被男同事邀请当舞伴的永远是那个比她穿得漂亮的姑娘。

撞衫是一种微妙心思里的突发事件。对方穿得比你好看，你会想："什么啊，同样的衣服凭什么你穿得那么好看？"如果对方没你穿得好看，你又会想："天啦，这么丑的人跟我穿一样的衣服！"

穿一样的衣服，形象的好坏就一目了然，因为你再也找不到借口，把自身形象的好坏推脱到穿戴上去。所以，此时撞衫者的形象较量是赤裸裸的，如果你是输的一方，你一定沮丧得宁可马上结束那一天，或者那场聚会。

就算你一直强调"这是一个最终要靠本事说话的世界"，但两衫相撞，丑者败，这也是可以肯定的！

我们从小就被教育说"要好好读书"，却鲜有人提醒我们"要很好看"。我想说的是，让自己变好看和好好读书一点儿都不冲突，甚至可谓是一脉相承，它们都需要无需提醒的自律和超出常人的努力。不要以为读书多就可以长得丑，未来的社会里，当你有能力又很好看的时候，颜值会成为你能力的加分项！

我始终觉得，那些严格自律的姑娘是最强大的。她们尊重生活，遵循昼醒夜寐的规律，对自己的人生和健康负全部的责任。

而你呢？为何要像一个青春期的叛逆少女那样，不容别人指点人生，却整夜迷惘着刷朋友圈和微博，像个石头一样躺着，还满嘴嚷嚷着梦想，又被懒惰捆绑住手脚，最后，在白天昏睡，在黑夜沮丧。

很多姑娘其实早就明白了"长得好看，可以得尽好处"，也明白这是一个看脸的世界的道理，却因为"护肤好费钱啊、化妆好麻烦啊、选衣服太费时间了、瘦身锻炼好辛苦啊"，所以不愿意付出任何努力，然后再抱怨社会太现实、指责人心太浅薄、数落别人重色轻友。

等到回首往事时，那些追过女孩子的男人可以跟着那些怀旧电影无限唏嘘，无比感伤地细数"那些年一起追过的女孩"；被人追过的女孩子也可以津津乐道，话说当年的自己是"多么傻"和"天真可爱"。

唯有你，成了"那些年，一直都没有人追的女孩"！

如果说这是个看脸的世界，那么丑的后果，就是失去这个世界。

2

上大学的时候，英语系有个"名声在外"的T姑娘。T姑娘成名的事件很多：比如和校花"火拼"了半年，只为争抢校草；比如在门卫处大吵大闹，因为她放在寝室门口的自行车被偷了；再比如在校体育运动会上夺得了女子铅球的冠军，她的成绩甚至超过了男子冠军……然而，最让人津津乐道的则是她的逆天改变。

从大一到大四，T姑娘一直都不怎么受人欢迎。原因很简单，身材臃肿、性格泼辣的她永远是怨气爆棚的状态。你在她面前背上新买的包包，她就会说你"太能装了"；你和男朋友出去旅游了几天，她就会在图片下评论"太能秀恩爱了"；你和老师同学的关系好，她就说你"圆滑"；你不善言谈，她就说你"太高冷"。

她可以随时随地地看不惯你，也可以想当然地诽谤你，根本就不需要任何理由、证据。在她的眼里，永远都是别人有问题，永远都是世界欠她的，而她自己则正确得像是一个"行走在人间的真理"。

就在很多人将她拉黑，或者发朋友圈特意屏蔽她的时候，她却从朋友圈、微博上消失了。

随后陆续传来的却是一个个惊人的消息：毕业前夕，当别人在为考研折腾的时候，她已经拿着专业第一的成绩保研去了北大；研究生毕业时，当别人为找工作费尽心思的时候，她已经通过面试进了外企的总部。更"可怕"的是，这个曾经一百五十斤、处处讨人烦的姑娘摇身一变成为了九十三斤的气质女神。

有人问她怎么能变化这么大？她笑着说："追校草的时候，他整整嫌弃了我一百八十天；和门卫吵架之后，门卫每次看见我都翻白眼；夺得铅球冠军那次，看台上的男生女生没有人在乎我出色的体育成绩，他们都在嘲笑我的体重；更不会有人会因为我体育成绩好而向我表白，他们更愿意和我拜把子。这些嫌弃和白眼让我突然意识到了一个严重的问题，长得丑不可怕，可怕的是活得丑而不自知！"

于是她拼命地读书，拼命地跑步，身体和灵魂也慢慢开始起变化了。之前的抱怨、诋毁、诽谤都慢慢变成了理解、认同，之前的肚腩消失了，大象腿也逐渐苗条了起来。

后来，她在微博里发过这样一段话："一颗阴暗的心，是撑不起一张明媚的脸的。命运不会厚待谁，悲喜也不会单为你准备。只有不回避痛苦和迷茫的人，才有资格去谈改变和未来。"

三毛说："读书多了，容颜自然改变，许多时候，自己可能以为许多看过的书籍都成过眼烟云，不复记忆，其实它们仍是潜在的。在气质里、在谈吐上、在胸襟的无涯，当然也可能显露在生活和文字中。"

同样的道理，你吃过的苦、思考过的人生，以及你走过的路，同样都不会欺骗你，它们会慢慢地沉淀在你的精气神中，你的改变谁都可以感受到。

在这个看脸的世界，只有当你真正地瘦了下来，你才知道自己到底长什么样子；只有你真正地采取行动，你才能看到自己的无限可能。

怕就怕，你摆出一副苦样子，对世界是种种不满，对自己是百般辩解，却对身体和灵魂的困境无动于衷。

请你记住，谁也不能靠"哭惨、哭穷、哭丑、哭霉运"这些小丑的方式让自己的人生免责！

3

有一阵子，微信平台上的一篇《我为什么相信以貌取人》的文章在朋友圈里火得一塌糊涂。作者用亲身遭遇告诉所有独自打拼的姑娘：不顾形象的能力，没有魅力的勤奋，在这个世俗而功利的世界里是行不通的。

可有的姑娘就是偏，"我有个性，哪里在乎什么形象。""我又没有男朋友，性感给谁看啊？""我不过是个打工的，打扮有什么用？""我最讨厌那些瞎讲究的女人，金玉其表，败絮其中，哼！"

可是她一出门，马上就摆出了"以貌取人"的姿势。比如，"那个衣服皱巴巴的女人背的 LV 肯定是假的。""隔壁座位上那个女人好有气质，你看她的项链和锁骨，太美了！"

你知道一个人最丑能丑到什么地步吗？大概就是自己说过的话，自己都不信；自己立下的誓言，自己置若罔闻，然后再对内心的渴望出尔反尔。

比如你对别人家的"马甲线""A4腰"羡慕不已，于是，你对那一圈圈在胳膊上腿上、腰上猖狂着的肥肉下了"逐客令"。然后，你懒散地、舒舒服服地躺在床上，认认真真地发了个朋友圈，再信誓旦旦地写着："要么减肥，要么死"，然后再配一张热血沸腾的图片。发完朋友圈之后，你又来回刷了好几遍，然后用心地数了数点赞的人数，耐心地给评论的人回复。三分钟二十个赞，或者二十分钟三个赞，再然后，你开心或者落寞地发一会儿呆。

最后，不管是成功地引起了大家的注意，还是成功地没引起注意，你都会心安理得地从床上爬起来，叫个外卖或者自己做晚餐，并且不忘给自己加个蛋，以资鼓励！

第二天，或者第二个礼拜天，你也曾心血来潮地冲进了健身房，还下了血本，办了一张超贵的健身年卡。可在健身房才跑了十六分钟的步、举过三次二十斤的哑铃、做过八个仰卧起坐，你就觉得苦不堪言，想着自己如此辛苦简直就是自找麻烦，于是一顿反复纠结之后，你就彻底地和健身房诀别了。

至于"马甲线""A4腰"，你依旧羡慕却不再心动，当然了，它们依旧是"别人家的"！

你其实也很爱财，也不愿过那种紧巴巴的单身生活。于是你给自己列了数十项的工作计划、数十项的个人提升计划。可惜的是，你白天做事依旧是懒懒散散，挤完公交、地铁再回家时，想要加加班都觉得有心无力。看完三四集电视剧，已经凌晨两点。每个早上都得挣扎数次才能起来，起床之后又突然发现脸上冒出了一堆挤不完的痘痘，当然了，眼袋又"丰满"了一圈。

你扛着极度不规律的生活艰难前行，于是乎，在你二十几岁的额头上早早地挂满了四十几岁的憔悴。

你甘心吗？你来到这人间走一回，难道是为了成为美丽主角的陪衬小丑？是为了成为优质男人的蔑视对象？是为了廉价的自尊和没有底气的人生而卑微地活着？

实际上，所有抱怨现状却始终无动于衷的人，其内心的潜台词是一样的："老天啊，请你赐予我花不完的钱、帅得一塌糊涂的王子和一张沉鱼落雁的脸吧"。我说你要不要想得这么美？

你可以说自己天生就没有端庄的五官，但你一定要有精致的妆容；你可以说自己买不起高档的时装，但你一定要保证自己的衣冠整洁。你的领口不能胡乱地竖着，袖子不要随意地卷着，裙子大了要去换一个小码的，而不是凑合着穿。

没离开家门的时候，尚且有一个人在你出门之前检查你的衣服，然后"絮絮叨叨"，现在只能靠你自己了。

你要明白，不论是物质、健康还是美丽，但凡是你想要，就需要你一点点地修炼，一次次地自制，一步步地流汗！只有这样，你才能美美地享受生活——对细节的把控越来越好，对情绪的失控越来越少。

在你通过努力改变自己，获得物质、健康和美丽的同时，你还会获得更多的尊重，更高级的安全感和无需提醒的存在感，你还会逐渐地领略到这个世界公平的一面——它会让你相信：任何的努力都不会白费。

这依然是一个承认每个人努力的世界。在汗水面前，所有美好的东西对所有人都是机会均等的。不论是美貌还是物质，它就搁在那里，但它从来不是"各取所需"，而是"按劳分配"。如果你偷懒了，那么你的人生成绩单上只会印着工工整整的四个大字——"谢谢参与"！

就算你一直强调

"这是一个最终要靠本事说话的世界",

但两衫相撞,丑者败,

这也是可以肯定的!

O7/

泰然自若的单身，
远胜过貌合神离的凑合

1 |

对于很多单身女生而言，二十五岁是个坎儿：二十五岁之前没恋爱、没工作，爸妈最多也就动动嘴巴，然后继续疼你；可一旦过了二十五岁，你还没对象，工作又不行，你的爹娘就会动手了——拽着你去相亲。

晴子就是这样被逼上"相亲"的梁山的。和晴子相亲的男生看起来还不错，不论是长相、气质，还是家境、工作，都让晴子特别满意，但唯一的缺点是"他对晴子的感觉很一般"，这是晴子后来才意识到的。

他们的第二次约会恰好是男生的生日，晴子早早就去当地最好的餐厅预定了位置。在等待了四十八分钟之后，男生才不慌不忙地到了。晴子克制住内心的委屈，用衣袖盖住了自己刚才一直盯着的手表，满脸微笑地递给他一份生日礼物——一块万宝龙表。对于这份花费了晴子一个月工资的礼物，男生只是淡淡地说了一句"谢谢"，并没有晴子之前猜想的高兴。

晴子心里想："他可能是累了吧。"于是晴子努力地表现出很开心的样子，讲了两个笑话之后，牛排上桌了，晴子赶紧停下了"不太受欢迎"的笑话，挤出一脸的兴奋，对男生说："看起来很好吃啊！"

可男生依旧是心事重重的样子，虽然内心的情绪已经发出了警报声，可晴子转念又想："忍了吧，毕竟是他生日。"

到最后，这顿让晴子近乎破产的生日晚餐变成了她一个人的独角戏。她默默地把所有的配菜都吃完了，剩下一大块牛排。要是往日，盘子里肯定是一干二净！

"我们还是算了吧"晴子先开的口。"嗯"，男生应允道。然后，他们就再也没见了。

回到家，晴子发了一条朋友圈："泰然自若的单身，远胜过貌合神离的凑合。"

和晴子小姐一样的姑娘很多，她们或是被家人逼迫，或者是被现实左右，年纪轻轻的时候，看着身边的人都成双成对了，就巴不得赶紧把自己交代出去，就像是一起参加考试，看到别人都提前交卷了，于是也慌慌张张地交了。

可问题是，完成感情的试卷，你若不深思熟虑，就胡乱蒙一个C，那你凭什么要求爱情满分？分明是连及格都困难啊！

太多姑娘给恋爱、婚嫁贴上一个高尚的标签，对单身、大龄下一个难堪的定义，以至于她们觉得：宁可在凑合着的婚恋里哭，也不要在自由的单身生活中笑。

但是，如果你把谈恋爱当成是消灭无聊、打发寂寞的手段，那你注定得不到一个称心如意的郎君；如果你把结婚当成一项到了一定年龄就必须完成的任务，那么你的下半生必然不会如你所愿。

更准确地说，这只是你内心的迷惘，想找个依赖而已，跟爱情没有半毛钱的关系。

没谈恋爱有什么丢人？过了二十五岁没有结婚对象又有什么难以启齿？真正难以启齿的是，每天和一个心猿意马的男人虚情假意地过日子，每天以一种冷漠无趣的方式度过余生。

真正合适的那个人，不见得情商有多高，但他一定懂得你的兴奋点在哪里，他知道你开心或者难过的事情，也知道怎么逗你开心，避免让你难过。只有这样，漫长的一生共度起来才不会太费劲。

真正合适的那个人，他不会在你矫情的时候给你讲人生的大道理，也不会在你气得肺都快要炸掉的时候跟你"针尖对麦芒"，他和你相处会像打羽毛球那样——两个人轮流发球，绝不会让你一直当捡球的那一个。

姑娘，你妈把你生得这么漂亮，这么可爱，不是让那些不懂珍惜的人糟蹋的，而是让你去糟蹋别人的！所以拜托你别再傻乎乎地任劳任怨了，你一个人的努力，永远也没办法决定两个人的关系。

换言之，如果你面前的那位男生特别爱耍酷，特别神秘，特别冷静，那一定是因为他不那么喜欢你。因为一个人在真爱面前，往往是偶尔失态，偶尔耍赖，幼稚得像个孩子，蠢得像头呆驴。

记住，男生若是爱你，就会觉得你笨，想方设法地要照顾你；但如果不喜欢你，就会觉得你足够聪明，足够厉害，甚至相信你身手矫健到不劳任何人操心！

2 |

对一个姑娘而言，最可怕的事情莫过于，你觉得自己有男朋友，而你男朋友却宣称自己单身！

柿子小姐就倒霉地遇见了这样的男生。他从不和柿子小姐合影，就算是一起出门旅行，也从未有过任何的合影留念。更要命的是，那个男生一直在微信、微博上自称"孤家寡人"！为此，柿子小姐也发过脾气，问他为什么谈恋爱非得弄得像搞地下活动？男生皱着眉说，"网上不是说了嘛，秀恩爱，死得快！"

可是谈过恋爱的人应该都能想象得到，有恋人却不能让人知道的感觉有多糟心。爸妈问你"谈没谈恋爱"，你说"谈了"却只有单人照，这和告诉他们"我恋爱的对象是梁朝伟"有什么区别？

除了不合影之外，男生还间歇性地玩消失，三四天没联系是常有的事情。再加上男生平时也总表现出忽冷忽热的状态，柿子小姐也曾伤心地提过分手，但每次男生找她复合的时候，她都轻易地原谅了。

可是，原谅归原谅，问题还存在，柿子小姐逐渐变得疑神疑鬼起来，她想方设法地打听男生之前的种种，甚至一度偷看了男生的手机。这一偷看，就看出了端倪来——手机相册里有他和另一个姑娘的合影。

柿子小姐问："她是谁？"男生一把夺过手机，恼怒地说："关你什么事？"

世上最寒心的对白莫过于一个问得尴尬，一个答得潇洒！

我问柿子小姐："事情都明明白白了，你还想怎样？"柿子小姐抹着眼泪说："我也不知道，大概还在等他回来吧，他是我的王子啊，我不敢想象失去他会怎样。"

我对她说："他没有高贵到能享有'王子'的尊号，你也没有卑微到以'灰姑娘'自居的地步。退一万步说，是谁规定灰姑娘就必须被王子拯救？为什么你非要觉得，灰姑娘的脚穿上了那双水晶鞋，就该感激涕零地被王子领回宫，然后永远在幸福中诚惶诚恐？"

事实上，当你迫切地想与他好好聊聊时，却发现话题换了好几茬了，你收到的答复总是那一两个字"哦""好吧"；当你正满心甜蜜地回味那场约会时，他正一心一意地陪着另一个人；当你满脸心事地在暗夜里为他辗转反侧的时候，同在一片月光下的他，却正在和另一个人卿卿我我。

于是，你撒娇就是作，你吃醋就是小心眼，你想念就是打扰，你关心就是闲得慌……总之，你浑身上下都是"问题"。

可是你别忘了，你不要命地对一个人好，生怕做错一点儿对方就不喜欢你，这不是爱情，而是取悦；分手后觉得更爱对方，没他就活不下去，这也不是爱情，只是不甘心。

如果他只是在心情好的时候待你温柔，说话情真意切，脾气不好的时候就马上给你坏脸色，请你马上离开他。"心情不好"从来都不是"随便发脾气"的尚方宝剑。

如果他对你只是"招之即来，挥之即去"，那么请你让自己忙一点，没空一点，不要他一个电话打过来，你就屁颠屁颠地跑过去了；他再晾你两天，你就蔫巴巴地一个人在墙角怄气。

错的人就是错的人啊，从来不会因为你能忍、能扛、能熬，或者多花点时间和精力就变成对的人。

当然了，你也不用一把鼻涕一把泪地责怪自己太重感情，其实你只是没出息罢了，以至于连一个不喜欢你的人都放不下！

3

你是不是也曾这样：每隔一段时间就习惯性地崩溃——大哭或者颓废，然后又习惯性地自愈——满血复活，好像是在为生活制造悬念和波澜。

你是不是有时候也会这样：特别想找个人谈恋爱，但是喜欢的人还没有出现，甚至就连发呆都不知道该想谁。

是的，你说自己很迷茫，你深感自己好孤独。

但是，怕孤独而谈的恋爱，根本就拯救不了你。恋爱最好的打开方式是为彼此锦上添花，而不是靠某一方雪中送炭。

你想要得到一个走过南、闯过北，知识广博，阅历丰富的男友，那你为什么不自己也背上行囊，去感受这个世界的精彩？

你想要一个学富五车、事业有成的男友，那你为什么不多读几本好书，为什么不努力增加自己的能力，让自己也在学识和事业上有一番作为？

你想要一个身材健美、肌肉发达的男友，那你为什么不穿上运动鞋去健身房，让自己也有一个凹凸有致的好身材？

要想拥有一个优质的恋人，不是必须为他随时微信在线，不是秒回他的消息；不是必须每一张图片都修得美美的，不是看起来光芒四射，而是真正的内外兼修。

这样的你，精神上不怕孤独，身体上不怕辛苦，文能妙笔生花，武能杀鱼切肉。

这样的你，就算以后遇见情敌，你能做的是直面残酷的对手，而不是缴械投降——你优秀得可以把别人比下去！

不管你是谁，公主也不一定要等着王子披荆斩棘地来拯救，灰姑娘也不必期期艾艾地等那双改变命运的水晶鞋。公主也可以把十八般武艺练得样样精通，让自己变得冰雪聪明；灰姑娘也可以将十八般兵器耍得有模有样，让自己活得光芒万丈。

唯有这样，等到王子来的那天，你们就像是在时间的旷野里，没早一步、不晚一步地相遇；如果王子没来，你也能泰然自若活出自我的精彩。

　　要我说，被人抛弃真的没什么，怕就怕几年之后，你依然又丑又穷又无聊，只能证明了当年抛弃你的人是多么有远见，做了一个无比正确的决定。

男生若是爱你，

就会觉得你笨，想方设法地要照顾你；

但如果不喜欢你，

就会觉得你足够聪明，足够厉害，

甚至相信你身手矫健到不劳任何人操心！

08 /

能用汗水解决的问题，
就不要用泪水

1 |

桃子最近"疯了"，平日里经常会拖延半个月、催五六次才会交的稿子，这次在截止日前两天就利索地交了，而且质量好得惊人。

我调侃道："最近吃什么药了，你的拖延症居然都治好了？"她白了我一眼，说道："觉悟了呗！"然后，她就给我讲了她上个月遇见的一件事。

那是个周末，桃子的闺蜜因为晋升副经理，便拽着桃子一行人去了酒吧。桃子是个文人，向来就对这种灯红酒绿的地方不感兴趣，但为了不扫闺蜜的兴，就硬着头皮去了。

酒过三巡，菜过五味，一群人就在包房里玩起了游戏，桃子被吵得有些耳鸣了，就在包房门外站了一会儿。包房对面是一个拐角，摆了两张沙发，坐着三男一女。看得出来，其中那个女孩的年纪很小，化着很浓的妆。三个男的轮流给她灌酒，她半推半就，每喝完一杯，就有一个男的将一张红色钞票塞进她的领口。

大约半个小时之后，桃子在洗手间里又看见那女孩了——她正扶着墙壁呕吐。桃子上前拍了拍女孩的后背，女孩捂着嘴巴说了声"谢谢"，桃子看见的是一张已经哭花了的、惨白的脸。

桃子回忆说："我当时真的觉得她好可怜，但当我回到包间，看见曾经因为工作压力大、在我面前哭得泣不成声的闺蜜，此时正自信满满地坐在众人中间时，我就觉悟了，每个人的路都是自己选择的，每个人都该对自己的选择负责，而最负责的活法是，用行动去证明自己做了无比正确的选择！"

生活就是这样，眉毛上的汗水，眉毛下的泪水，你总得选一样。

你还记得你是怎么选的吗？

成绩一般、能力一般，似乎也不影响你上课、工作时玩手机，下课、下班后玩游戏，晚上熬夜追爱豆的新剧。最后看到别人成绩出众，褒奖无数，你心里满满是不甘心，只好哭丧着脸说："我刚来时可比他出色多了。"于是你开始努力，可不到三天就懈怠了，并开始疯狂地相信"再不好好享受生活就老了"。

那你的生活常态估计是，考试全靠临阵磨枪，借同学的光也还凑合；工作全凭临时突击，靠同事帮忙也还能应付。

家境一般，似乎也不影响你好吃懒做，平日里，你一边嘲讽富家子弟的大手大脚，一边暗讽官家后代的理直气壮。可你后来却发现，那些出身比你好、长相比你好的人，情商也比你好，学历也比你好，甚至连工作能力、工作态度也比你好。你只好皱着眉头说："在学校的时候他们哪一门功课都比不过我。"于是你发誓要好好努力，也要让自己的孩子成为富二代。可不到半个月就犯懒了，并且用大彻大悟的口吻说："我不想谋生，我要生活。"

那么你的近况估计是，想要买的鞋子，得咬咬牙、跺跺脚才能下得了决心；想要去旅行，哪怕是精打细算、节衣缩食也不能安心前往。

长相一般，似乎也不影响你邋遢，懒得保养。最后看到别人都落落大方，亭亭玉立，要么是嫁得良人，要么是成为焦点，你心里满满都是心酸，只好撅着嘴巴说："当年追我的男生比她的多好多！"于是你也决心提升自己的形象，学插花、健身，可坚持两个礼拜就放弃了，并且还满是诗意地喊着："生活不只是眼前的苟且，还有诗意和远方。"

那么你的生活现状估计是，不知不觉中成了理想人生的反面教材，有意无意间变成了只配给人点赞的看客。

在抵达你想要的生活之前，你总会遇到问题，这时候，我的建议是，你要用汗水去解决它，而不是等到将来的某一天后悔莫及。

嗯，愿你流下的每一滴泪水，都可以灌溉到你的智商！

2 |

认识一个月薪三千元的姑娘，她向我哭诉，说领导嫌弃她笨，说同事数落她懒，她觉得自己快撑不下去了。

我反问她："是不是你的工作纰漏太多？是不是团队合作时你总拖后腿，或者有任务的时候总挑轻松的做？"

她把嘴巴撅得老高，回了我一句："一个月就那么点儿工资，他们还想我怎样？"

听出来没？她的意思是，给她月薪三万，她就能工作得比现在优秀十倍；给她五万，就能优秀五十倍。是因为报酬太少了，所以她的工作状态才这么糟糕的！

我想问的是，那你又抱怨什么呢？你将工作看成是"一分钱一分货"的买卖，于是你"拿一分钱出一分力"，但我想提醒你的是，老板付薪水的原则是"一分力一分钱"，也就是说，你必须在拿三千元工资的时候，先体现出三万元的价值，你的老板才有可能想着付你三万元的工资。

我了解像她这样的职场新人的想法，"反正我是在混日子，你也只给我混日子的工资，又为什么要苛责我呢？""反正我又没准备在你这里实现人生理想，又为什么要刁难我呢？"

从本质上来说，这是能力有限又不愿花力气提升，热情不够还不愿尽力而为。这样的你，去哪里都不会有前途，做什么都不会出成绩的。因为你只是石头，在哪里都不会发光。

连眼前的时间都不能好好把握的人，又凭什么让人相信你能规划好将来？

生活其实是一位假睡的考官，它由着你违规、抄袭、偷看答案，它当时懒得管你，等到你以为是自己在考试前临阵磨的枪起了作用，以为是自己买的开运紫水晶帮了忙的时候，它就会悄悄地、变着法地折磨你，其实那是一份通知："你挂科了！"

对待工作，别人是以"做好"为标准，你是以"做了"为原则，那你凭什么抱怨别人比你挣得多，升得快？

提供方案，别人给出两三个备选，每一个都别具一格；你只拿出来一个，还显得很勉强，那你凭什么吐槽上司没眼光不选你，同事没良心不帮你？

对待自己，别人一直保持谦逊的态度，四处求教，也不怕"上问"；你却总是自信满满，既不屑别人的优秀，也瞧不上比你差一点儿的人。那你凭什么进步，又怎么会变优秀？

在你没有认真尝试以前，请不要信誓旦旦地说"不可能"；在你没有拼尽全力之前，请你不要随随便便地说"我不行"。

我承认，每个人迷茫的青春期总会遇到一些无能为力的事情，我也承认，年轻时遇到的困难一点儿都不值得歌颂，但我还是想说：你既没有流血流汗，又没有受苦遭灾，怎么就好意思向老天开口，说你想要如何美好的人生？

人们常说，会哭的孩子有奶吃，但仅凭哭是不可能强大的，就像骂别人丑是掩盖不了你的丑一样。

3

明明许诺自己，说只看五分钟手机就去好好努力，结果三个半小时之后，硬是装满了淘宝的购物车！

明明发过毒誓，说"要么瘦，要么死"，结果是知道了很多减肥的方法，却依然胖着活了小半生。

明明整天都是无所事事，觉得每一个日子都写满了"无聊透顶"，却并未觉得半分轻松，还常常失眠到天明。

可是，你既没有恋爱谈，又没有梦想要去努力，又不爱游戏，又不看电视，你还天天熬夜，为什么呢？

答案是你懒，却不敢心安理得地懒。

懒惰就像是灵魂生了锈，比勤劳苦干更消耗身体。你本可以通过"跟自己较劲""跟别人较真"的方式来激发潜能，却在变强、变有钱的路上输给了妥协；你本可以通过健身、读书来实现世界上成本最低的自我升值，却在变美、变有内涵的路上败给了懒惰。

妥协和懒惰是一条不归路。你以为是妥协一次，很可能就妥协了一生；你以为是懒一下子，很可能就毁了一辈子。诚如龙应台所说："人生中一个决定牵动另一个决定，一个偶然注定另一个偶然，因此偶然从来不是偶然，一条路势必走向下一条路，回不了头。"

我怕有一天，当你看着父母老去，却不能给他们一个幸福晚年；我怕你既没找到诗意和远方，也没有爱情和梦想，只是浑浑噩噩地在大都市里耗着，给着父母不能吃、不能信的各类"好消息"。

我怕有一天，当你慢慢成熟，却发现自己无力去爱、去拼；我怕你的梦想被饥肠辘辘的现实给吞没了，只能用干瘪的欲望勉强地支撑着亚健康的躯体；我怕你有心过"想要的生活"，却无力改变人生，只能抱憾终生。

如果你不知道自己要什么，那么你拥有再多也无济于事；如果你不知道去哪里，那么你现在在哪里一点儿都不重要。

在这个残酷世界里，你不能贪恋金钱，但一定要迷恋赚钱；你可以爱自己，但一定要继续努力。因为生活不会因为你软弱就对你法外施恩，职场不会因为你是姑娘就对你怜香惜玉，情场不会因为你是"傻白甜"就对你格外温柔，父母不会因为你是姑娘就停止衰老，梦想不会因为你是姑娘就为你降低门槛……

所以，如果再有人劝你，"你不过是个姑娘，简单快乐地活着就够了，别那么累。""没有男人喜欢要强的女人，不要太要强了，你不应该这么累。""你不要天天把自己逼得这么累，一点儿情调都没有，否则找不到男朋友。"

我希望你好好想想：你是女孩子，如果不自立、不自强，穷且苦着，谁能在你需要肩膀的时候给你一个依靠？如果没有眼界、没实力，会不会因为别人给了你一颗小蜜枣，就屁颠屁颠地跟人跑了？

他日若是嫁得良人，
定要谢你不娶之恩

1 |

　　Helen 是大学男同学心目中的女神，一个家境殷实的北方姑娘，举手投足之间却有一股南方女孩的秀气。再具体点儿说，就是很像女星刘诗诗。

　　大学那几年，Helen 收到的情书让她撕到手软。面对一波接着一波的追求者，Helen 一直都很傲慢，直到大四那年，她被政治系的一个老实稳重、勤奋上进的男生攻破了心门。那个男生确实很爱护她，不管多远，他都会亲自到门口去接；不管多晚，他都会送 Helen 到寝室门前。他们一起上自习，一起参加英语补习班，一起吃校门口十块钱五串的串串香，一起在六七级的北风天里依偎着看鹅毛大雪……

这让 Helen 很满足，就算是大四，就算是站在人生的十字路口上，她也没有一丝一毫的担心；就算他给的是几片黄叶，只是三两句直白的短诗，她也是欢欣雀跃、心满意足地珍藏着。

大学毕业后，Helen 毅然决然地拒绝了父母的安排——放弃了在银行上班的机会，跟男生去了四川老家，她说"为了爱情，自由和物质都不重要"。

在登上去四川的飞机之前，她发了朋友圈："一切都是为了爱情"。我点过赞，我还记得有人评论道："哇，好酷。"而她的回复是："我也这么觉得。"

大约是在半年前，我在一家商场里偶遇了 Helen，她依然是女神范儿，却比大学时少了一股锐气，显得更成熟、更温柔，也更亲和。我问她："回家探亲，还是出差呀？"她笑着说："我早就定居在这里了。"

原来，她在四川呆了两年之后就回来了。在那两年时间里，她几乎和父母没什么往来，再加上初到四川时南北方饮食、气候、生活习惯的巨大差异，让她吃了不少苦，但"为了爱情"，她都笑纳了。

后来，她在小县城里谋得了一份文秘的工作，月薪刚过两千。而那个曾经看起来"积极上进"的男朋友在考公务员的路上接连碰壁之后变得心灰意冷，最终只能在当地的一所中学里当政治老师，工资和她差不多。除了基本的生活之外，她还要负担着男生父母的生活费用，以至于常常窘迫到"连换乘公交车都要想着法子省钱"。

说到这里，她清了清嗓子，认真地说："在爱情里，谁不买现实的账，现实就会来找谁算账。"

在随后的两年时间里，这个曾经"衣来伸手，饭来张口"的小公主硬生生地被逼成了"敢和光膀子的屠户为少了几两肉而大吵大闹、敢在大庭广众之下和菜贩子讨价还价"的女汉子！

更大的危机是，他们俩因为钱引起的争吵也越来越多，到最后，Helen 选择了离开——她回归到本应该属于她的城市、阶层和生活方式中。

就这样，许了那么多山盟海誓的两个人，最终还是输给了现实中的鸡零狗碎。

我们常常听见这样的示爱宣言："我愿为了你，负了这天下。""我愿为了你，换一种活法。""我愿为了你，什么都去做，什么险都去冒。""因为是你，做什么都值得。""因为是你，所以什么都愿意。"

言外之意是，"我爱你爱得这么深，你就算不心动，也得感动"。

可在我看来，这些话更像是那种一下午能签三千多张的空头支票。你无非是想说："我什么都没有，我什么都不要，但我爱你，你看着办。"

这哪是示爱，更像是要挟！可你只是他的恋人，又不是恩人。

我们也常常听见这样的牢骚："为了你，我放弃了一流的大学和工作，来到你在的城市""为了你，我放弃了大城市的繁华和便捷，随你去陌生地方重新开始。""为了你，我选择与父母分离，陪你到举目无亲的远方。"

言外之意是，"我付出了那么多，你就算不感恩戴德，也得时刻记着"。

可在我看来，这些话更像是某个商业合同上的条款，你无非是想说："我把一切都交给你了，你也该给我一些同等的回报。"

这哪是谈恋爱，分明是在签卖身契。可他只是你的爱人，又不是欠你债的人。

不论是爱或者被爱，都不要让爱变得沉重，然后背着它，如履薄冰地生活。那些与现实格格不入的爱，一般都不会长久。

2

面对爱情，你得现实一点。比如不要对牛弹琴，因为牛听不懂不说，还会嫌你烦。

表妹在大学里只谈过一次恋爱，用她自己的话说，那是一次"倾尽所有去爱一个人"的爱情。

这男生我见过，人长得很帅，性格上憨憨的，倒是和爱说笑的表妹很配。然而相处了一段时间，问题就接二连三地来了。

他们遇到的最大坎儿是消费观念完全不同。表妹家境很殷实，自小就娇生惯养，尤其是她爷爷，将她视为掌上明珠，真是"捧在手里怕碎了，含在嘴里怕化了"。而男生则来自一个单亲家庭，他到周末会抽出一天的时间去做家教，以补贴自己的日常开销；寒暑假则会去饭馆里做临时工，以补贴家用。

表妹知道他节约，所以每次吃饭都抢着埋单，和他一起出门总是心甘情愿地陪他挤公交地铁，送他的礼物都会刻意撕掉吊牌，懂事到不行。可即便如此，男生还是觉得表妹"花钱太大手大脚了"。有一次听说表妹买了一只三百元的口红，竟然对她发了火，"你不知道挣钱多难吗？"

大三那年，男生准备考研，没日没夜地学习，表妹依旧很懂事，除了陪伴左右，还负责送餐、买书，联系学长讨教考研经验等，她像一个有钱有势的秘书一样，全方位地照料着这个从不付工钱的穷老板！

然而他们还是在大三的下学期分手了，分手是男生提出来的，他在听说表妹为他报了一个两万块钱的考研班之后彻底地怒了，他紧锁着眉头对表妹吼着："我需要一个志同道合的女朋友，不是啃老族；我需要她相信我的能力，而不是替我投机取巧！"

表妹一下子傻了，每天照顾他的人，怎么就成了啃老族？报了一个考研班而已，怎么就成了投机取巧？她怔怔地盯着男生看了十几秒，突然就顿悟了：单凭喜欢是弥合不了两个人在生活和消费理念上的间隙的，这个间隙是之前两个人上过的幼儿园、去过的游乐场、穿过的衣服、吃过的食物、看过的书见识过的人、做过的事等等这一切差距叠加起来的。

表妹把一路小跑送来的午餐放在了男生的书桌上，然后安静地离开了。

爱是恒久忍耐又有恩慈，但不是没有下限的忍耐；爱是包容、相信、不轻易发怒，但不是低声下气的附和。

曾以为，婚恋中讲究"门当户对"是陋习，是人性的弱点，如今看来，它很现实，更符合人心。因为门不当户不对造成的巨大差异，早晚会发展为爱的鸿沟。

我所谓的现实，是你们互相配得上对方，你们两个出身的家庭能真正地接纳对方，你们不必为了对方而做出脱胎换骨的痛苦改变，你们也不用为了彰显爱情的伟大而让自己变得卑微，甚至放弃自己本该拥有的一切。

我所谓的人心，是指在三观大体相似的基础上，彼此的兴趣可以有所不同，不会基于自己的判断去干涉对方。

弱弱地问一句，谈个恋爱要三天两头地掉眼泪，你到底是找了个男朋友，还是找了颗洋葱？

3

大学同学中嫁得最好的当属贾婷，大学一毕业就嫁给了当地的一个地产商。后来，全家移民到了美国，据说在那边有两套自带花园和泳池的别墅。大家再谈起她，都会开玩笑地称呼她为"那个嫁入豪门的姑娘"。

开始时，消息是这样的："那个嫁入豪门的姑娘当妈了""继承过亿美元的资产了"，后来慢慢地变成了"那个嫁入豪门的姑娘离婚了""据说自己开了公司""二十几岁就那么牛，太厉害了"。

我和贾婷再有联系是在去年年底，她回国经过我在的城市，就喊我出来一起吃饭。聊着聊着，她就把她从"嫁入豪门"到"自成豪门"的故事讲了一遍。

原来，到美国的第二年，她就升级当了妈妈，老公每天在商海里鏖战，根本就没有时间理她。她一个人住在偌大的别墅里，虽然有保姆在身边，却几乎没有共同话题。

这时候的贾婷，既没有工作，也不会交际，唯一愿意做的事情是网购，然而连她自己都没有意识到的是，网购她也只选择母婴产品，再也不关心高田贤三的高跟鞋和芬迪的包包。与这种漠不关心相匹配的是她越来越臃肿的身材和呆滞的目光。

贾婷本来是想着嫁入豪门，从此过上阔太太的日子，可结婚不到两年半，和老公的一次争吵就打碎了她的"豪门梦"。那个曾在教堂里当着上帝的面说要爱她一辈子的男人就只说了一句话："没有我，你怎么活？"

贾婷被吓着了，她既不敢告诉父母，又没有能力拔腿就走。有那么一段时间，她是绝望的。

很多时候，绝望自有绝望的力量，就像希望也有希望的无能。

经过了一个星期的激烈心理斗争之后，贾婷下定决心：搬离这里，出门找一份工作。她找闺蜜借了钱，然后从打字员开始，先后做过秘书、促销员、收银员，后来通过努力，获得了一份证券交易所的工作，并逐渐展露出在股票投资上的天赋。

三年之后，她自立门户，变成了如今"贾老板"，而不再是"那个嫁入豪门的姑娘"。

她说："女人终归是要靠自己努力，就算头破血流也心甘，就算伤筋动骨也心安。"

是这样的。当你把命运依附在另一个人身上时，你注定会沦为一个为爱患得患失的女子。

残酷的现实是，自认为很真挚的相爱，结果大半都输给了门当户对；小家碧玉嫁入豪门权贵的梦想，最终大部分都是以噩梦收场。

我的建议是，不论遇见了如何心动的恋人，不论他何等的富贵，你都该问自己这样几个问题：没有他，你该怎么活？离开他，你是否能养活自己？除了他，你能不能再爱一次？

有一种备受诟病的人生哲学叫"狡兔三窟"，我倒觉得特别适合面对爱情的姑娘。

狡猾的兔子知道用三处藏身的洞穴来躲避生存的危机，聪明的你也应该给自己备足资本，以降低人生的风险。比如有钱、有颜、有才、有趣、有情调。

这样的你，即便某天失去了他，也依然有能力重启人生。

我担心的是，别人家的男朋友正浪漫满屋地表白"不是没你不行，而是有你更好"，而你家男朋友却在嘀咕"有你也行，但是没你更好！"

4

我问那些在恋爱中很安心的姑娘："你怎么就敢放任你男朋友在外

面，不微信问候，也不电话联系？"

她说："他不忙了自然会联系我，忙的时候，我就是打搅；如果不忙的时候也不联系我，那我有什么理由联系他呢？"。

其实她没说的是："我有自己的事情，我有自己的兴趣爱好，我有自己的交际圈子，我有自己的奋斗目标。我们心照不宣的是：有事就联系，没事就各忙各的。"

我问那些在分手之后很洒脱的姑娘："去挽回一下吧，万一还有余地呢？"

她说："他既然决定要离开我了，那必定是已经准备好了理由，我又何必听那些冠冕堂皇的借口呢？"

其实她没说的是："我自己很漂亮，我有养活自己的能力，我有能力再去爱一个人。不是真心给我的爱，我也不稀罕。"

对姑娘而言，好看的妆容，得体的穿戴，有品位的生活，谈得来的圈子，充足的物质保证，这些才是对抗这个残酷又现实的世界最靠谱的铠甲，远比男人们忽冷忽热的问候、忽远忽近的关怀要有用得多。

别一遇到感情问题，你就撅着嘴巴哭闹："你从来都没有给我安全感！"安全感不是别人给的。就算你一天24小时缠着他，就算电话短信不间断，就算你霸占他所有空闲的时间，就算你摸清他全部的行踪，你依然得不到安全感。

安全感来自于你自身的强大，来自于内心的独立和自足。就像早上拉开窗帘看到的阳光、走在繁华路口看见的红绿灯、查看银行卡时看到的充裕的余额、玩手机时上面显示的满格电量……

所以，不要再厚着脸皮地去怀念那个放弃你的人，也不要真的跑到他的面前说"谢谢"，他根本没做什么让你成长的事，让你成长的是你的反思、坚强和努力。

再说了，笑笑就能过去的事，何必把它弄得人尽皆知？

来吧来吧，对那个枉费过你付出真心的人说最后一句话："我现在过的好得不得了，耶！"

我担心的是，
别人家的男朋友正浪漫满屋地表白
"不是没你不行，而是有你更好"，
而你家男朋友却在嘀咕
"有你也行，但是没你更好！"

没有公主命，就别一身公主病

1 |

周末的下午，我和桌子小姐去喝咖啡。咖啡馆里人很多，但都很安静，大家各自"霸着"一块地盘，或看书、喝咖啡、玩手机，或小声聊天，又或者装文艺。

突然，一阵尖锐的笑声打破了咖啡馆里的宁静，紧接着是一个嗲嗲的姑娘在打电话："你说来接人家的，我都等你五分钟了，你怎么还没到？不行，你要到咖啡店里来接我，在外面那叫等我，不叫接。不好停车是借口，你要是爱我，就必须到店里来！你要是不进店里来接我，以后都见不到我了！"

挂完电话之后，她就气鼓鼓地从吧台取走了咖啡，然后"噔噔"

地踩着高跟鞋，在靠窗的位置坐下了。大约过了七八分钟，嗲嗲的姑娘又接了一个电话，之后，她不顾形象地大喊了一嗓子："你滚！我再也不想见到你了。"然后，挂了电话，一个人在角落里嘤嘤地哭。

想必你也猜得出来，电话的另一头是个男生，大概是找不到停车位，又或者堵在路上需要她再等一等。

被搅了安静喝咖啡的兴致，我和桌子小姐面面相觑。她低声对我说："好佩服这样蛮不讲理的姑娘啊！这么沧桑的脸，居然也还敢这么作！"

我笑道："你们女孩子不都想做公主吗？扮一扮柔弱，卖一卖萌，撒个娇，说几句嗲话就可以有人接送，吃喝不愁，就像拥有了二十四小时的管家服务，多划算！"

桌子小姐反击道："拜托，这哪儿是公主，明明是公主病。你看外面，道路堵得像停车场似的，开进这条街来都困难，哪还有停车的位置？从这里下楼走到另一个街边，最多就二百米，为这个把周末的约会作没了不说，男朋友都有可能作没了。再说了，真正的公主怎么可能会不顾形象的笑和哭？怎么可能会不顾及他人感受、不在乎场合的大喊大叫？"

细想一下，真是这样。她只是想能够永远像小孩子一样被迁就，却不愿意承担一点点迁就对方的责任。

可是，哪个男生愿意当"佣人""心理医生"和"出气筒"的复合型倒霉角色吗？他找的是恋爱的对象，不是领养一个孩子，凭什么既要照顾你的身体，照顾你的胃，同时还得对你的情绪全方位二十四小时负责？

一个姑娘想要过公主一样任性的生活，这并没什么问题，但前提是，这不应该成为他人的负担。

如果你生在深宫内院，你大可以要风得风，要雨得雨。倘若哪天对厨子不满意，就把桌子上的盘子都摔碎了，然后跟你那个有权有势的老爸告状，让厨子瞬间消失；如果对恋人不满意，你大可以提着蕾丝连衣裙，踮着脚尖走出大门口，然后坐上你专属的豪华马车，绝尘而去。

可如果你只是普罗大众，如果你连独立生活的勇气和资本都没有，你又哪来的资格胡闹、刁蛮、任性呢？

怕就怕，你没有公主命，还一身的公主病：自己长得貌不惊人，还对别人挑三拣四；自己挣的钱都养不活自己，还嫌贫爱富；自己老得都快成"圣女"了，还天天说那些相亲对象是奇葩，还动不动就自称"像我这样优秀的姑娘……"

你那么喜欢童话，想必你也知道，假公主一般都没有什么好结局的吧！

别人加班加点的工作，你连一句关心都没有，自己受了点委屈，就要求别人千里万里奔赴而来送温柔体贴；别人忙翻天的时候，你连个吃饭地点都懒得选，自己过生日了，就要求对方能像七十二变的孙猴子那样变着花样取悦你；别人公务繁忙，你连家务都懒得搭理，自己一个人的时候，恨不得连水龙头都拧不动。

　　是的，你是女孩，是应该好好爱自己，可是基本的自理、基本的义务你不能打着爱的名义转嫁给别人啊！

　　这样的你，在生活中只会是个糟糕的朋友，在感情中只会是个可怕的累赘！

　　偶尔任性一下，也许他还觉得你挺可爱的，觉得你"天真无邪"，但如果你天天如此，他能记住的只是你的无理取闹，到最后，恐怕他对你最大的心愿只会是"哪儿凉快哪儿呆着去"。

　　亲爱的姑娘，你的命真的很好，你也有机会遇到一个王子一般的好男人，但是请你别忘了，能二十四小时侍奉公主的，那是奴仆，王子只管风花雪月的那部分！

　　如果你坚持非要胡闹，非要任性，一定要试探他的底线，那么你一定能如愿以偿地失去他，然后重新回到没有爱情的生活中去。

2

前几天，乐乐突然微信我，说她男朋友跟她提分手了。一问才知道，是她自己"作"的。乐乐本来和男朋友约好周六一起去爬山，结果男朋友的妈妈因为胃病突然犯了，爬山计划便取消了。结果不懂事的乐乐开始发脾气，她说自己计划了一个礼拜，买了一堆吃的，发完牢骚之后，她生气地挂断了男朋友的电话。就在她以为男朋友会专程来哄她的时候，她等来的是男朋友的"分手短信"。

我对乐乐说："你太胡闹了，他妈妈生病了，当然去不了啊！"乐乐说："我也就是发个牢骚，也没真的怪他，他怎么就提分手了呢？"

我反问道："你平时是不是经常提分手？"乐乐点点头。

我补充道："有的事情是要说出来的，不要等着对方去领悟，因为对方不是你，不知道你的善意或者伤心，若不说，等到最后只能是两败俱伤，尤其是感情。"

在我们身边总有一些女孩打着"爱"的名义胡作非为，这是非常不明智的。十五六岁之前，你尚且还可以在家里跟爸妈生气，可以跟好朋友撕破脸皮，可以把自己锁在房间里谁都不理；十七八岁时，你也可以跟初恋生莫名其妙的气，可以为了暗恋而赌气地罚自己在雨中淋得像个落汤鸡……可你一旦过了二十岁，你就该懂事一些了，既要照顾好自己，又要控制好情绪。不能在最美的时光里任由自己变成一个胖子，也不能让自己在失控的情况下做出什么丢人的事情来！

你已经是个大人了，不能再借着有人疼、有人爱的名义拒绝成长，毕竟没有谁能保护你一辈子，也没有谁能对你的无理取闹百般纵容。

请你谨慎一点儿，毕竟四海之内不可能都是你的朋友，还有可能是你后妈！

也许，爱你的人会哄你，向你道歉，送你礼物，最后掏空心思地把你哄好，但他的内心深处，其实正经历着一场浩劫。他越是讨好式地爱你，这场浩劫越大，他也越疲惫。

别以为你的胡搅蛮缠、肆意妄为是可爱，真正能称得上可爱的，不是这些幼稚和不讲道理，而是你本性里留存的、极易耗尽的纯真！

好姑娘要记住：不要让未来的你讨厌现在的你。人不能太任性，因为你现在所做的一切都是在为未来的自己做准备。如果你真想任性，那你最好是拥有能任性的资格。比如你对长相无所谓，首先你得有一张好看的脸；你对钱无所谓，那你最好是不缺钱；你对身材无所谓，那起码你不能太胖；你对成绩无所谓，那你的成绩不能太差劲。

已经拥有了，你才有资格说不在乎、无所谓；做出了成绩，你才有底气发脾气、谈条件，最后才有资格去提要求，去强调感受和自尊。

换言之，你要有为自己的任性埋单的能力！

自身条件不如别人，要么就好好锻炼，培养气质，然后慢慢地改进自我；要么就学会练就一颗大心脏，吃得了白眼，承受得住落差。

要么，你强大到可以独自收拾好生活，要么你就等着被生活收拾。青春就是这么简单又冷酷。

如果非得被人说三道四，非得遭人非议，我希望有生之年，你是这样被人说道的："你怎么瘦成这个死样子？""你不就有几个臭钱吗？""有个好老公了不起啊？"

3|

网上有个很火的段子。男生问女生："你说什么样的姑娘会得公主病呢？"

女生回答："没别的，不是丑，就是穷。"

男生又问："那有钱又漂亮，脾气又不好的呢？"

女生白了男生一眼，说道："那本来就是公主，不叫病。"

是的，公主病不是谁都生得起的。好身段、好脸蛋，同时拥有隔着二十六层棉被还能感受到豌豆的娇贵出身，否则的话，你和"公主"真的很难扯上关系。

实际上，你是公主，还是患上了"公主病"，从根本上来说并不取决于你有没有遇见那个对的人，不取决于他爱不爱你，不取决于他愿不愿意待你温柔，也不取决于你是否拥有唐朝公主那样高贵的出身和端庄的面容。它仅仅取决于你是否足够强大，强大到能够独自担起公主般闪耀的、自律的、规范的人生。

公主命可能是生来才有的，但是女王的气场是可以后天修炼的！即便是含着金钥匙出生，奋斗这种事情也是不能松懈下来的！

靠爸妈，你可以成为一个小家庭的公主；靠男人，你可以成为大家庭的皇后；但如果你靠自己，你就可以为自己加冕，成为女王！

所以，不要在花样年华里坚守什么"公主般的信仰"，也别听信"别低头，王冠会掉"这样的鬼话，该低头你还得低头，该吃苦你就得吃苦。翻翻自己的钱包，它还空瘪；照照镜子，里面的人很落魄。你本来就不是公主，哪里还需要担心什么王冠掉不掉呢？

唯有能在最好的年华里吃得了苦的人，才可能在未来的某一天遇见和你一样优秀的王子；唯有能把腰深深弯下去的人，才可能有朝一日把王冠捡起来戴上。

有人说，每一个内心强大的姑娘背后，都有一个让她成长的男孩，一段让她大彻大悟的感情经历，一个把她逼到绝境，最后又重生的蜕变过程！

我特别奇怪，为什么啊？你明明可以通过努力让自己强大，通过读书让自己有智慧，通过思考让自己深刻，为什么非要与几个臭男人死磕？

经历确实可以助推你去成长，但没有经历你也要成长啊！南墙旁边有个大门你不走，偏偏要撞得头破血流，然后还在那抱怨时运不济、命运多舛，真是好笑！

我的建议是，不要像个落难者，告诉所有人你的落魄和寂寞。总有一天你会明白，难过的事情都要靠自己消化，难忘的人都得靠自己放下。

趁着还年轻就好好照顾自己的脸，努力养肥自己的钱包，而不要逢人就说曾经如何如何得意或者悲伤，以及现在怎样怎样洒脱或者失望。真正能理解你，真正愿意替你化解问题的人没有几个，他们多数只是站在他们自己的立场，说冠冕堂皇或言不由衷的便宜话。而你要做的就是把秘密、伤痛都藏起来，然后一步一步地让自己厉害起来！

变厉害就意味着，曾经因为一点风吹草动的小事就能多愁善感，到如今，即便是翻山越岭，你单枪匹马也应付得来。这样的你，别说拧瓶盖了，消防栓都不在话下！

请你谨慎一点儿，
毕竟四海之内不可能都是你的朋友，
还有可能是你后妈！

吃亏是福？那我祝你福如东海

1 |

因为工作的缘故，结识了一个特别厉害的女生，暂且叫她 Z 姑娘。

Z 姑娘是一家出版公司的运营总监，手下带着三十几号人的团队，每年出版近百种畅销书。除此之外，她还开设了各类的付费指导班和相关付费咨询服务。也就是说，每天她需要处理的人际关系非常复杂，找她问天问地的人不计其数。而 Z 姑娘的厉害之处在于，她很忙，却一点儿都不乱，谈合作一次比一次顺畅，办事情一件比一件利落。

一来二往，就难免从旁人那里听来一些关于 Z 姑娘的传说：比如，有人想请她吃饭，她第一句话会说："有事说事，吃饭就免了。"如果那人依旧不依不饶，那她就会直接拉黑；有人说要找她合作，在微信里要她的手机号，她第一句会说："谈合作可以，先在微信里告诉我合作的方式和你目前的计划。"如果那人磨磨唧唧不肯说，又或者含含糊糊说不清楚，她就会直接拉黑。

还有一类人，不是凌晨三点多给她打电话，就是一开口堆满赞美之辞，她一概视为骚扰电话，随后迅即拉黑对方。

关于拉黑这件事，Z 姑娘的解释是："这世界已经足够复杂了，我需要的是最简单直接的人际关系。一言不合就拉黑，此乃快乐之本也"。

我问她："拉黑的频率这么高，难道你不怕得罪客户，不担心失去一些合作机会吗？"

她告诉我："以我这几年的经验看，那些一开口就是请客吃饭，首次见面就没完没了地戴高帽子的陌生人，无非是想得到免费的建议，想获得与他自身实力不相配的平台而已，而那种大半夜给人打电话谈合作的人，他连基本的人情世故都不懂，又哪有什么合作可谈呢？"

她顿了顿，补充了一句："凡是第一印象让人觉得不舒服的人，以后合作或者相处，十有八九会麻烦多多。还不如一开始就撇清关系，省得来日互相折磨。"

你看，活得快活的人往往都不会费尽心思地讨好别人，更不会小心翼翼地经营自己的朋友圈，她们懒得去猜测别人话里的弦外之音，也不担心自己的所作所为会得罪谁。

她们要的是知己一二，不是无数的泛泛之交。她们早就习惯了别人的忽冷忽热，也看淡了任何人的渐行渐远。

她们在自己的生活里活得足够专注，所以根本就不会把精力消耗在他人的眼光里。她们选择用最简单的方式去打理社交圈子，最终获得了充裕的时间、精力去和喜欢的人在一起，去做真正有意义的事。

这让我想起了作家严歌苓的一句话："我发现一个人在放弃给别人留好印象的负担之后，原来心里会如此踏实。一个人不必再讨人欢喜，就可以像我此刻这样，停止受累。"

真是这样的。尤其是当你不那么在乎别人对你的评价，当你学会了合理地拒绝别人，当你知道以牙还牙的时候，那些人反而会尊重你，甚至会觉得你更有价值。

所以我的建议是，不要为了迎合一些无所谓的人，而把自己过得身心俱疲。你的善良、温柔、耐心，甚至是才智、礼貌都是有限的、价值不菲的，要留给那些真正重要的人，方能显得珍贵和有意义。

怕就怕，你一直在放低姿态，生怕做错了什么惹别人不高兴，担心少做了什么让别人不满意，然后用忍耐、嘀咕、妥协、退让、疲劳等让自己吃亏的方式，去养活一大批点赞之交、点头之交。结果那些人一直轻视你，一直麻烦你。你费尽心思地把所有人都逗开心了，自己却忘了该怎么笑。

就算你把自己累垮了，也不会得到那些人真正的关怀、在乎或者感激。因为在那些习惯了麻烦你的人看来，你帮别人也都帮了，又不是只帮他一个。

2 |

在每个人的身边，多多少少都有几个脸比洗手盆还大的人，他们看准了你特别好面子的弱点，所以清楚地知道你不会拒绝他，于是就没完没了地麻烦你。

朋友芊芊就曾遇到过这种人。芊芊是个插画师，本想卖掉自己的苹果电脑再换一台性能更强大的，于是就在二手网站上发布了转售消息，很快就有人出价七千。就在芊芊准备发货的时候，她接到了朋友L的微信，几句寒暄之后，L对芊芊说，"你把那台苹果电脑转给我吧，给个亲情价，五千怎么样？"

芊芊一百一千个不愿意，可想拒绝又开不了口。这时候，L开始软磨硬泡起来，说什么"未来的插画大师，不要和穷朋友计较""我们关系这么好，学前班还是同桌""我之前不也给你帮过忙"之类的。

芊芊终究还是把电脑卖给了 L，除了超低价格之外，芊芊还负责送货上门，因为 L 说了，"你帮我送一下吧，正好你有车。"

在送完电脑回家的路上，芊芊却突然发现，她卖电脑的钱加上自己的积蓄，根本就买不起新电脑，可工作又不能停，芊芊只好厚着脸皮向家人开了口。

就在芊芊以为这件事到此为止的时候，L 却接二连三地来找她，要么是软件兼容性问题，要么是账号问题，芊芊俨然成了 L 的私人秘书兼售后服务专员。

最让芊芊恼火的是，L 在某二手网站看见了另一台二手电脑，报价只有三千元，她居然把链接发给了芊芊，并说道，"我还以为占了你二千元的便宜，原来是你占了我二千元的便宜。"

芊芊气得就差骂人了，她在 L 发来的链接里找出了这台电脑的出产年份、使用年限、受损情况等折价原因发给了 L，最后说了一句"不要得了便宜还卖乖"，然后直接把 L 拉黑了。

其实，大多数人的生活中，本来是没有什么太强势的人，是你的软弱诱发了别人的强势；本来没有什么不讲理的人，是你的没原则激发了他的无礼。

在那些不怕麻烦别人的人看来，朋友就是用来帮忙的，就是用来解决问题的，就是用来省钱的。以至于逢人就炫耀"我的朋友现在在某国企当老总""我去哪个城市都有人接待""这种事就得找朋友啊"。

要我说,这样的人根本就不配提"朋友"二字,因为他要的只是"折扣店""招待所"和"秘书"。

过分的是,他们享受着别人辛苦提供的种种好处,还自以为别人的帮助是理所当然的事,就好像他把别人当朋友,别人占了他多大的便宜似的。

无论是谈恋爱、交朋友,还是做生意、谈合作,只有付出更多的那一方才有资格表现出慷慨大方,就像他在对你说:"随便吃,随便买,随便花,随便拿"。

反过来,如果那个人总是占你便宜,然后不知道感谢还底气十足地跟你说"朋友之间不必计较",对于这样的人,你不拉黑他,要攒着生利息吗?

对于这样的人,能遇见算不上福气,能错过才是。

实际上,那些值得深交的朋友,是不会为了一己私利去为难朋友的。他们谈事情不拐弯抹角,再见面时不刻意寒暄,交流时各尽其词,需要帮忙时尽管直说,嫌人碍事也不找借口……没有那些浮在表面的彬彬有礼,也不会在内心深处层层设防。

教你实用的一招,如果再有人告诉你"吃亏是福",你就祝他福如东海!

3

"一定要给别人留个好印象"，这是当今社会的一种流行病，坊间又称"体面癌"。

体面癌其实是心灵脆弱的表现，所以潜意识里要靠取悦别人、牺牲自己来维持情谊和礼貌。

这也解释了"为什么你尽心尽力地做了一个好人，但仍然觉得自己是 Loser 的原因"。

无论谁来拜托你一件事，你都会办得妥妥的，比自己的事情还认真，甚至觉得是本分；可一旦你自己遇到什么困境，却从来不会找人帮忙，你说你不愿意欠人情，其实是怕没人会真的帮你。谁皱个眉头你都觉得紧张，怕是自己惹到了别人；一听到别人说"抱歉"就心软，甚至觉得自己生气都是在跟他计较。

为了成为别人眼里的好人，你对谁都维持着很说得过去的礼貌，早出晚归都热情洋溢地跟人打招呼，节假日都备足了祝福的段子和数量可观的红包，可每个落寞时分，你都不知道该找谁吐吐苦水。

你的每条消息都有很多人点赞，每张照片都会被人赞美"亲切"；你手机里有几百个联系人，可似乎谁都没有走进过你的内心世界。

你小心谨慎地维持着"好人"的形象，同时又难堪地吃着种种暗亏。然后，一边受尽折磨，一边又自我催眠，说什么"吃亏是福"。

可是，吃亏之后增长见识，再从中汲取教训，最后产生行动上的改变，才能勉强称"吃的亏"为"福"，可你只是在吃亏，却不长记性，纯属"死要面子活受罪"。

很多时候，你本该要亮出獠牙、做一个狂啸森林的野兽，可你偏偏藏起了爪牙，活像一只短腿的萌宠。那你说，不玩你玩谁？

作家张德芬曾说，如果有人以你不喜欢的方式持续地对待你，那一定是你允许的，否则他只能得逞一次。这句话也解释了"为什么别人越来越不把你当回事儿"的原因。就是因为你太好说话了，什么事情别人一找你你就答应，什么东西别人一要你就给。久而久之，别人习惯了你的不遗余力，也就不会再对你见外和感激了。

同样的道理，当别人向你道歉时，你要说"我接受你的道歉"，而不是"没事儿"，因为你说"没事儿"会让他们觉得"麻烦你没关系"，然后他们还会持续地麻烦你。

善良、慷慨、大方固然是要有的，体面的心理也确实需要给予照料，但该拒绝的时候也一定要果断。

如果你每次都是尽一百分力地帮别人，当有一天你的能力只够帮他八十分了，他便会清空你所有的恩，宁愿选择只帮他七十分的人做朋友。"一粒米养恩人，一石米养仇人"，说的就是这个道理。

换句话说，一个人吃亏的频次太高，别人就会觉得你吃多少亏都是应该的。就算你被折腾得精疲力竭，就算是到了快撑不住的时候，也没人在意，因为在他们眼里，这些都是你自愿的，也是你力所能及的。

体面癌患者最深的恐惧，就是对他人意见、态度的畏惧。一旦克服了这种恐惧，摘下了"老好人"的标签，你就不再是一只萌宠，你会摇身一变，变成一头骄傲的狮子。你斩钉截铁说出的"不"字就像是狮子的怒吼，那也是自由的怒吼。

对于那些烦人之人，不用虚伪地陪笑，也不必孩子气地公开撕破脸，而是帅气地保持一个"老死不相往来"的距离。

你走你的红地毯，我过我的斑马线。嗯，就这样！

到末了，你会慢慢发现，茫茫人海中，就数讨厌自己的人最讨厌！

就算你把自己累垮了，

也不会得到那些人真正的关怀、在乎或者感激。

因为在那些习惯了麻烦你的人看来，

你帮别人也都帮了，

又不是只帮他一个。

能花钱搞定的事，就不要欠人情

1

高中同学娟子在微信群里吐槽。

娟子上个月升级做了妈妈，而且生的是龙凤胎，她一个人忙不过来，就请了一个月嫂，工资六千。月嫂很出色，可才做了一个星期，月嫂就被娟子的大姨替代了。大姨刚退休，听说娟子花钱请人照顾小孩，就马上热情地来帮忙，"我免费服务"。

娟子开始有些犹豫，说是怕大姨累着了，其实是怕她不专业，但最终还是被大姨的"免费服务"打动了。

大姨接班之后，娟子的烦心事就开始接二连三地出现了。健忘的大姨要么是忘了给小孩换尿不湿，要么是冲牛奶的水不够热，再不就是抱小孩的姿势不对，两个孩子成天地哭闹。最让娟子不安的是一个晚上，娟子被刺耳的哭声惊醒了，她进门一看，两个孩子正嚎啕大哭，而大姨却在一旁，睡得很沉。

除了照顾孩子，大姨经常性地"指导生活"也让娟子很难受，比如"想当年，我……""你表哥小时候……现在不也一样身强体壮""你不能那样……""你得这样……"

身心俱疲的娟子说："被人照顾居然都可以这么累，我真的是被大姨彻底地打败了。可她是我大姨，而且还是来帮忙的。所以无论她做得多糟糕，我都不能表现出半点情绪，还要心存感激地记得她的好，并且要耐心地听她的指指点点，否则就是不仗义。哎！这日子实在是太难熬了。"

群里另一个女生回复她："这些难熬也都是你自己选的。当初本来可以用钱解决的事情，你自己选择了欠人情，乍一看是省钱了，但实际上你攒下了许多的麻烦。"

娟子发了一个委屈的表情，跟着说："别事后诸葛亮了，快教教我该怎么办？"

女生答道："再把月嫂请回来呗！可以用钱解决的事情，用钱解决就是最好的选择。月嫂不仅专业、可靠，而且不搭人情。"

我默默地在心里为这个回答问题的女生点了个赞。

要我说，天上就算真的掉馅饼，也会马上再掉一个催你埋单的；即便你吃到了免费的午餐，那晚餐你就得付双份的价钱。

爱贪小便宜是多数人的共性，最初你以为能够"捡个便宜卖卖乖"，但结果往往都是"偷鸡不成反蚀把米"。

比如你马上要搬家，楼门口明明就贴满了专业搬家公司的电话，你却视而不见，偏偏要去找亲戚朋友帮忙，你逢人就炫耀"我人缘好"，可是不专业的搬运造成的损毁，你根本就无法讨回，更关键的是，你因此而欠下的人情，很可能在未来的某一天变成一个大大的包袱，需要你加倍偿还。

比如你要去机场，手机里明明就存了好几个租车公司的电话，你却不当回事，非得让某某来车接车送，你底气十足地认为"我俩关系好"，可接送途中的风险，又该谁来负责？来来回回的时间和经济损失又该谁来埋单？一次两次尚可情有可原，但三番五次找人帮忙，那绝对是你在自作多情。

你所谓的"我人缘好""我们关系好"，无非是想用"不花钱"的方式把事情办了。从本质上说，这就是贪便宜。

我想提醒你的是，你贪的便宜越多，意味着你欠下的债越多，它一定会在未来让你失去更多。你闭着眼睛想一下，所有你真正拥有的东西，是不是都是你付出了相应的代价之后才拥有的，其中金钱很可能是最小的代价。

在这个过分平和、过于友善的年代，我们需要培养的是纯良的雇佣关系。比如，我给你五十块钱，你给我好好剪个头发；我给你二百块钱，你给我一个清汤火锅和三盘肉……真的不需要你给我打个几折，然后让我丑得惊为天人，或者吃得恶心巴拉的！

2 |

所有你欠下的人情，很可能都要以"让你做感到为难的事"来偿还。

半年前，朋友 L 总会晒一些鲜花照，她仅是晒照片，不是卖花的。不论是参加同事的生日聚会，还是去看望哪个老师，L 总是捧着一捧鲜花，既好看又体面。更叫小伙伴们羡慕的是，L 的家里也是一年四季鲜花不断。原来，L 的一个闺蜜是开花店的，两人自小是同桌，后来又一起上的高中，因此情谊很深。第一次约 L 来花店时，闺蜜就说了，"我的就是你的，以后你常来，随便拿。"L 倒真没拿闺蜜当外人，隔三差五就去花店拿花，而且每次都挑最好的。

大约是在一个月前，L 的闺蜜要给花店重新装修，她想起 L 的老公是装修公司的设计师，就约他们俩出来吃饭。在饭桌上，闺蜜开门见山地说："我想重新弄一下花店，大约是这样……这样……"。L 的老公在现场也给了一些专业的建议，同时强调："你的这些想法最好是出效果图，要不然不一定好看。"闺蜜接着说："这不正是你的强项嘛，你就帮你媳妇最好的闺蜜出一个吧！"

L 和她老公当时就愣住了，他俩开始以为只是给一些专业的建议，没想到要做效果图。闺蜜不知道做这样一张图有多复杂和费时间，她以为只是动动手指头而已。

L 没有拒绝的底气，只好替老公应允了闺蜜的要求，而老公则是全程无语状。后来，L 把老公熬了三夜做出来的设计图给了闺蜜，换来了闺蜜的一句"谢谢"。

从那以后，L 就再也不去闺蜜店里免费拿花了。

看似是占了小便宜，然后自以为是地拿人情去埋单。结果是，你在别人眼里掉价了。

我的建议是，如果你想要把日子过得轻松一些、简单一些，那请你务必树立起"有偿消费"的观念。

想吃什么，就自掏腰包，只要自己负担得起，就不要想着贪便宜；想做什么，就不遗余力，只要是自己能解决的，也尽量不要麻烦别人。

能用钱的时候就尽量用钱，实在不能用钱解决的时候，再用人情。毕竟，你不是唐僧，别人不是你的孙悟空，没有义务护你西行。

欠了人情，就像是被戴上了枷锁。欠的人情越重，枷锁就越牢，等到你意识到被人情所累的时候，就已经到了进退两难的困境：要么，你忍受得了被别人不断打搅的生活；要么是你和对方撕破脸皮，不但从此面子上过不去，还要背着"忘恩负义"的骂名。

人情这东西，看起来是免费的，其实是最昂贵的，就像高利贷。它可以给你一时的方便，也可能带来意想不到的负担。它就像签了一个没有期限的协议，你不知道什么时候就会被要求"帮帮忙"，而且还无法拒绝。因为一旦拒绝，不仅会弄糟事情，还有可能伤害到情谊。

就像是说，"春天我帮你拔了三棵野草，秋天你就应该把收获的稻子分我一箩筐"。

欠什么都不要欠人情。钱以外的东西，永远都还不清。

3

有一种比较流行的观点认为，交情是互相麻烦出来的。以至于有人会说，"虽然我让他教我学车，但是我记得他的好""虽然每次都是他请客，但是我们是好朋友""虽然借了他的车来开，但是我还的时候都很认真地洗过"……

在我看来，交情是需要有来往，但不见得非要用麻烦的方式。说这话的人只不过是占了便宜，欠了人情，然后给自己找了一个冠冕堂皇的台阶下罢了。

可你要记住，出来混迟早是要还的。

人情和钱财一样，用一点儿就少一点儿。所以我的建议是，人情要用在刀刃上，如果你三天两头都在用，金刚钻也得被你磨坏了。

别动不动就找别人帮忙，再好的运气也有用完的一天。到那时，你既没有解决眼前麻烦的能力，也同时埋下了日后无穷无尽的麻烦。

反正我是这么觉得的，那些一到聚会结账就上厕所，或者钱包掏半天都掏不出来的"聪明人"，这辈子基本上也不会有什么出息。

你想学车就去驾校，你想考证书就去培训机构，而不是成天在绞尽脑汁地想着如何请朋友帮忙；你想学吉他就去找个专业老师辅导，你想学钢琴就去报个钢琴班，而不是厚脸皮去找业余水准的亲戚指点一二。

用厚脸皮的方式去蹭资源，其实是没远见的表现。看似是省钱了，但实际上它既浪费了别人的时间和精力，也消耗你自己的机会和热情。

别人花钱获得了优质的资源，然后突飞猛进，而你却在以浪费时间、亏欠人情的代价换了一个粗糙、不专业的辅导。

你可能不服气，说："我就是因为没钱才这么省的"。

真是这样吗？你敢不敢再看一遍自己这个月的消费记录，那些乱七八糟的、买完之后发现根本就用不上的东西加起来，一定够你学好几门乐器了吧?

所以你的当务之急是努力提升自己，好好挣钱，而不是用高估自己人脉的方式去省钱省力。

窃以为，新时代的大善人，不是"我让你占尽便宜"，而是"你别占我便宜，我也不占你便宜"。

13 /

你可以爱一个人到尘埃里，
但没有人爱尘埃里的你

1 |

　　三个礼拜前，朋友圈曾被橘子小姐引爆过一次。她发的是："上天待我何等仁慈，我简直都想怀疑，我是不是它的私生女。"

　　我一看这就是有故事了，便私信她："这是走了哪门子好运，让你得意忘形到要怀疑自己的亲爹亲妈？"

　　她回我："老天赏赐了我一个近乎完美的男生，就好像是遇见了命中注定的那个人。"据橘子小姐交代，在遇见这个男生之前，她曾被母亲大人拖进月老庙里求过姻缘，她自己也去数了五百罗汉，在她看来，这场遇见就是上天的旨意。为了让这份冥冥之中已经注定了的缘分更加夯实一些，橘子小姐选择在生日那天和男生见面，她天真地认为：

116

"老天的旨意之外，再加上一份生日愿望，连着我们俩的红线就多上了一把锁！"

然而就在昨天，她微信我："你得陪我聊聊，我怕我得抑郁症。"一问才知道，那个男生对她越来越冷淡。

随后，橘子小姐发了几张和这个男生聊天的截图给我，我一看差点儿没气得摔手机——这哪是聊天，完全就是一个小丑在没有观众的剧场里表演节目。

比如橘子小姐发了几张美美的自拍照给他，他就回复一个"微笑"表情；橘子小姐发了一大段今天遇见的开心事儿，他就回复一个"呵呵"；橘子小姐主动约他看电影，他不是说没时间，就是说那个电影不喜欢；橘子小姐将自己亲手做的寿司送到他公司门口，他居然说自己不在公司，而橘子小姐从他同事那里打听到的事实是，他正在办公室里玩消消乐。

最让我生气的是，橘子小姐还以哀求的语气说："既然你那么忙，那一个月之后，给我一个机会请你吃饭吧。"而男生的回答是"再说吧"。

即使这样，橘子小姐还是每天坚持找他聊天，给他讲笑话。我问她："都这样了，你还有心思讲笑话，你自己都快成笑话了。不拉黑他，难道你要留着过年吗？"她说她不甘心，她依然还相信他是自己命中注定的那个人。

就在我准备用"你会遇见更好的""他看走眼了"这些话来安慰她

的时候，她发过来这样一句话，差点儿没把我呛着："那你说，我还请他吃饭吗？"

"当然不啊，拿请客吃饭的钱去买一套漂亮的连衣裙吧！"

他已经把你内心的弯弯绕绕都撕得粉碎，你居然还奉上自己难以自控的卑微，深情款款地说："你看看啊，我变成了你喜欢的样子。"

很多姑娘其实本身就很优秀，工作上进，遇事果敢，平时总是一副无坚不摧的样子，可一旦遇见了心爱的人，就马上变成了毫无主见、智商为零的小女生。她们甚至都知道对方没那么爱自己，可是也丝毫动摇不了她们继续卑微下去的决心。

她们共同的心声是："他不爱我也没关系，只要能站在你身旁，即使只能看着你的侧脸也是幸福啊。"

实际上，你对他的每一次低声下气、曲意迁就，都是在为他离开你搬砖铺路！

一个人不要命地对另一个人好，不到彻底地寒了心，一般是不会知道什么叫"自作多情"的。

可你要明白，爱情若不是两情相悦，那必有一人沦落荒野。如果双方都是内心傲慢的人，那还算好事，大不了让这份爱蜕变为"互相指责"的角斗场。可如果恋爱双方是一个高高在上，另一个卑微至极，那这场战争将会残酷得像一场大屠杀。

所以，别再信"不放手的才叫真爱"这类话，不放手的那叫"可笑"。而且你还要知道，你死不放手的样子真的好丑！

遇见一个人，看起来很好，也完全是你想要的那一类人，但那绝对算不上"命中注定"。真实的爱情其实和憧憬没关系，就像你本来是一棵苹果树，就算你再怎么憧憬结橙子，但是你还是得诚实地结出苹果一样。

若他爱你，不必讨好；若他不爱你，更加不必。

你只是需要一点点决心和一点点时间来熬过那段阴冷的日子，之后你就会发现，他很丑，也很普通。

要我说，你只是倒霉，不是可怜，所以你需要吻很多只青蛙，才能吻到一个王子。

2

朋友圈里有个老好人，我把她备注成"二姑娘"。二姑娘是那种你把她家的米都借光，她饿上一个月肚子也绝不向你讨要的那种"好人"。

二姑娘其实各方面条件都很不错，但是对爱情似乎缺少一点“矜持”，以至于追求她很容易，然后她被甩得也很频繁。

她问我：“恋爱了好多次，为什么那些男生追到我之后，很快就变得态度冷淡了？”

我说：“那是因为你太好追了，就像是考试，太容易了人们当然不会太当回事。再说了，你考完试，还看书吗？”

她捂着嘴巴大笑起来，然后又问：“那你说，我遇到的男生，是不是都太渣了？”

我答道：“我觉得他们挺好的啊，若是不喜欢你还继续跟你玩暧昧那才叫渣。你扪心自问一下，如果他们谁再给你一点点温柔的回应，你是不是又觉得自己有机会了？”

“老好人”似的姑娘就算有满腔的盛情和善意，也是注定会落空的。因为你的骨子里缺爱，所以轻而易举就会被一两句动人的情话打动，最后还没看清那人是谁，就一头栽进了爱情的坑里。

另外一种情形是，你分明知道他不是个好东西，你早就从朋友那里听说他劣迹斑斑，情史遍野，可你被他的坏笑给勾走了魂魄，被他的虚情假意蒙蔽了眼睛，然后还自信满满地认为“我那么优秀，一定有足够的魅力让他浪子回头，此生与我共白头的。”

于是，你从一个五大三粗的女汉子被逼成了“表演艺术家”。因为害怕相处时冷场，所以有一点点事情，你都想第一时间找他说，他回应你一句，你就前仰后合地大笑；因为怕他无聊，所以一出新电影，你都想找他一起去看，他若是推辞说"没时间"，你还一本正经地安抚他"注意休息，别累坏了"。

你看，你还有什么资格抱怨命运给你安排了一个接一个的混蛋呢？明明就是你自己面带笑容地往坑里跳的。

我的建议是，不论他的情话有多动听，不论他的笑有多迷人，你都不能急迫地表现出"我好想快点和你谈恋爱"的姿态；不论他的家境有多殷实，也不论他的爹妈是何等的权贵，你都不该抛弃骄傲，放弃矜持。更不应该在出门前就想好见面的台词，或者逗乐的段子，我怕你的嬉笑太盛，他欣赏不了你的认真。

恋爱战略应该是这样的：偶尔主动，经常被动，绝不冲动，就算你蠢蠢欲动，也要假装按兵不动，那样才会让他怦然心动。

爱情是迁就不了的，你再怎么努力迎合也填不满这个无底洞。再说了，你翻山越岭地为了梦想奔赴，披荆斩棘地为了美好生活打拼，怎么能为一个不喜欢自己的人失去自我呢？

爱情很美，世界也很好，但如果你身边的人错了，那你的全世界就都错了。

特别提醒一下：拉黑或者分手，决心比什么都重要，下定决心的人，不动声色地就一刀两断了；而下不了决心的人，就算大张旗鼓地拉黑对方，声嘶力竭地喊"我们分手吧"，结果没过几秒钟就会再加回来，然后天天躲在黑夜里哭，真是写满了丢人现眼。

3 |

讨人喜欢是一种本领，它能让素未谋面的人对你一见钟情，不管你心里打什么主意，人家都信任你。但是，讨人喜欢不等于求人喜欢。讨人喜欢是你自带光芒的天然属性，而求人喜欢则是你骨子里流露出来的自卑。

你要明白，让你自卑的爱，只能说明两点：要么是你爱的对象错了，要么是你爱的心态错了。反正肯定是错了。

一个姑娘家，成熟的标志就是在该动脑的时候，不动感情。毕竟，有的人的出现就是来让你开眼的。所以，你一定要禁得起假话，受得住敷衍，忍得住欺骗，忘得了承诺。对方不爱你了，又不是你的错。

实际上，没有谁知道自己爱的人哪一天会厌倦自己，但你唯一可以做的，就是使自己有被任何人爱上的条件——长相、性格、能力，哪样都行。

切记，不要把厚脸皮当执着。

我想说的是：如果你喜欢的人正在认真地喜欢你，那就不要再去讨另一个人的欢心了，因为一个会吃醋，另一个可能心动。

如果你身边的某个人脱了单，你也大可不必着急，而是该认真地问自己两个问题，一是把别人的男朋友给你，你会要吗？二是如果你是别人，你会和自己谈恋爱吗？

当然了，对一个人好并不意味着你要扮演一个卑微的角色。如果你用尽了一切方法，却还是无法取悦一个人，那请你马上离开他。

你爸妈这么辛苦地把你拉扯大，可不是为了让你被一个男生折磨得死去活来的。如果我没猜错的话，你爸妈那么惯着你，宠着你，是为了让你知道幸福是什么感觉，然后找到那个能给你幸福的人。

对你很了解的那个人，如果他爱你，他是舍不得让你一直难过的。如果明知道这样做会让你不好受，他却还是做了，那么这样的故意就不该被轻易原谅。

在这个外表繁华美好的世界里，一个女孩最该修炼的本领就是"当断则断"，这是一个姑娘在这残酷世界行走的必备装备，跟善良、修养不发生冲突。

当有一天，你不再对他有感觉了，就算他头戴凤翅紫金冠，身披金甲圣衣，踏着七彩祥云，脑门上贴着"盖世英雄"的标签出现在你面前，你只会觉得他好笑，甚至怀疑"这人是不是有病啊"。

你糊弄过去的，早晚会露出马脚

1 |

去年年初的时候，公司来了一个胖胖的文员，嘴巴很甜，见到谁都"哥""姐"地喊，所以大家对她的第一印象很好。可没过几天，总监就跟我说："这姑娘在简历里写着'三年文员经验'，居然连个PPT都做得一团糟，太不靠谱了！"

事情是这样的，总监问她的办公软件的熟练程度如何，她自信满满地回答："那太容易了。"信以为真的总监就给了她一份公司年度计划表，让她做一个PPT文件，并且再三强调，三天后的公司年会上要用到。结果第二天，她就交了"作业"，据她说，这是她熬夜做出来的。

当总监打开这份沾满了"汗水"的 PPT 时，差点儿没气晕过去：这姑娘给一份重要的商业报表做出来的 PPT，前后顺序毫无逻辑可言，选择的图片更像是在推销婴儿早教机——都是些幼稚的卡通动漫，页面还加了很多画蛇添足的效果——在单个页面上出现了十几个奇形怪状的色块……最叫人生气的是，公司的图标被伸缩后变了形，几乎快认不出来了，项目简介里有好几处明显的错别字。结果是，总监自己重做了一份。

一周之后，她被人事经理通知离职。那天晚上，她微信里问我："老杨，我真的很难接受，也想不明白，我觉得我很努力，前几年在别的公司当文员，我从来都没有迟到过，这一次也是熬夜做 PPT，可为什么我的努力都得不到认可呢？"

我反问她："你有制订过工作计划表吗？有努力的目标吗？知道该学习什么技能吗？你说自己拥有三年的工作经验却连 PPT 都搞不定，谁会相信你说的'我很努力'呢？"

你所谓的"不迟到""熬夜拼命"只是在假装努力罢了，因为你的努力，只是在使劲，却没有进步，就像对牛弹琴，瞎子点灯。换言之，所有没有目标、方向、计划和步骤的努力都只是看起来很努力。

最让人尴尬的事情莫过于，公司是因为太爱惜人才，所以才请你走人的！

生活远比你想象的要精明，它既敏锐，又有心机。如果你不是诚心诚意地对待它，它马上就能识破你。但它不会马上拆穿你，而是佯装出好脸色，陪你出演"假装很忙、看似努力"的经典剧目。等到你的青春所剩无几，好运气总是对你绕道的时候，它马上就会露出一张刻薄的脸，戳着你的脑门向世人宣称："Loser！"

失意的人总是把失败的原因推卸给命运，从来不肯面对真实的自己。这也难怪，童话里会有灰姑娘变公主的幼稚幻想，小说里也经常出现"富家公子爱上傻白甜"的烂俗片段。

于是，你既不想付出与回报相称的努力，又想尽可能多地获得存在感和成就感，就只能靠修饰得很夸张的照片、夸大得很可怜的脆弱来吸引别人的注意、骗取他人的关心同情，以掩盖技能和形象的不足、内涵和气质的贫瘠。

你焦虑，为什么自己明明付出很多，最后却没得到满意的结果？为什么自己背着行囊，却怎么也到不了要去的远方？你慌张，凭什么别人的生活总是风生水起，而自己只能抱着过时的笔记本电脑，靠少得可怜的工资可有可无地活着？

于是，你开始变得愤世嫉俗，从心底瞧不起那些比你好看的姑娘都嫁给了高富帅；你变得怨天尤人，将别人比自己成功、比自己好看的根本原因归结于老天的不公。

在你看来，那些比你好看、比你成功的姑娘都是靠基因、靠奉承、靠运气，唯有你自己，纯洁得像一朵不染风尘的白莲花，善良得像一只懂事的小白兔似的，楚楚可怜。

要我说，一个姑娘家，脑子笨点其实没有那么可怕，毕竟水母没有脑子，也活了六亿五千多年。怕就怕，你脑子笨不说，还懒，还丑，还玻璃心，还矫情，那么我不得不通知你：综合你的这些症状，你可能得的不是心理疾病，而是心理残疾，是治不好的。

2

圣诞节的晚上，在韩国留学的表妹突然给我发了一段语音，我开始以为是节日祝福，听完了才知道是"吐苦水"。起因是表妹和闺蜜一起逛街，偶遇了一个帅气的男生，简单地打完招呼才知道那男生是个英国人。要是以往，她们最多是偷看几眼就走开了，可这一次，表妹的闺蜜竟然健谈得像是奥普拉·温弗莉附体，和他足足聊了半个小时，而表妹只能像个微笑的木偶似的，尴尬而多余地站在一边。

那个男生也曾试图让表妹加入到聊天中去，但她除了几个简单的英语单词之外，根本就无法完成连贯的对话。

最让表妹尴尬的是那个男生问了她一个问题，根本就没听懂的表妹只是礼貌性地点了点头。可男生问的是"韩国一共有多少个民族？"

看着闺蜜笑得前仰后合，表妹后知后觉地弄清楚了问题，只能尴尬地、逃也似地离开了。

表妹在微信里问我："为什么我每次没化妆的时候，总能遇见帅哥？没学好英语的时候，又遇见了老外？这次更糟糕，既没化妆又不会英语，偏偏又遇见了一个帅得一塌糊涂、讲英语的男生。而闺蜜这次却这么厉害？"

我回答她："不要想为什么有那么多的不如意，多想想在你该学英语、练口语的时候自己在干嘛？"

你其实早就知道英语的重要性，也曾报了价格不菲的"一对一"口语补习班，可又觉得"学英语好枯燥""学口语用不上"，所以你不是找借口逃课，就是打马虎眼浪费时间——人在课堂上，心在课堂外。

你明明知道年纪不小了，该努力了，甚至"勤奋到"给假期的每一天都分配了学习任务，可是一放假就呼朋唤友、觥筹交错，一回到家就蓬头垢面、委靡不振。

这样的你，就别怪生活为你安排那么多难堪的、怀才不遇的、遇人不淑的、壮志难酬的、苦不堪言的时刻。毕竟，根据你的努力程度，你目前拥有的已经算是老天能给你的最好安排。

很多人无数次地陷入难堪，原因竟然是惊人的一致：无非是，你仅仅只产生心理上的不断自责，却缺乏行动上的立即改变。

更叫人担心的是，你慢慢地变成了自己讨厌的模样：学习工作上不思进取，不好不坏的；感情上将就凑合，不情不愿的；生活上心灰意冷，不清不爽的。然后，你的眼睛里慢慢失去了光，有的只是你稚嫩却微薄的青春被一股日渐消沉的欲望抓牢，充满了慌张、急躁、戾气和迷惘。

其实，你的所有问题都可以用两个字概括——"贪"和"懒"。因为贪，你被一些不切实际的想法左右，一遇到问题就手足无措，稍有不如意就负能量爆棚；因为懒，你的生活中充满了悔恨，要么是抓不住机会，要么是慢人一步，反正总是懊恼不已，总是不如意。

你越是急躁，越是卖力讨巧，就距离你想要的结果越远；但如果你暗自使劲，默默坚持，惊喜反倒会悄然而至。你要知道，时间是最公平、最慷慨的裁判，你付出的越多，你得到的就越多。

你将时间撒在哪里，它就在哪里开花。

哪怕在很长的一段时间里，你勤勤恳恳地，却像被人遗忘了；你孜孜不倦地，却依然看不到希望。但请你相信，只要你坚持住，只要你投入得足够多，时间就会在将来的某一天，还给你一个打包了的特大惊喜。

没有谁是突然变好看的，没有谁是突然瘦下来的，没有谁是突然变有钱的，那些中彩票、挖到金矿的事情，还是不要幻想为好。

我想强调的是，命运并不提倡毫无理由的成功，即便是孙大圣，也是经历了几千几万年的风吹雨淋，才有了那石破天惊的横空出世。

你呀，谈付出的时候那么吝啬，好像你已经付出了整个人生；可一谈到拥有的时候，又是如此贪心，好像整个世界都对不起你。这样不靠谱的双重标准，会不会显得太不要脸了？

嗯，早点儿去睡吧，梦里什么都有。

3

你只看到别人有"小蛮腰"，嫁给了"高富帅"，却忽略了她在你胡吃海喝的时候正努力健身，在你睡得昏天暗地的时候正拼命地提升魅力。

你只看到别人刚一毕业就进入了外企，拿着高于你好几倍的工资，却忽视了在你上学时花大把时间谈恋爱的时候，她正在学习人际交往的能力，在你整天刷朋友圈、微博的时候，她正在某公司里辛苦地做着实习生的工作。

你只看到别人学习英语和交际的天赋，只看到她考上研究生的轻松自如，却没看见她在你熬夜追剧时正熬夜苦读，在你沉迷于网游、网购时做完了一套又一套的模拟题。

于是，你一边盯着镜子里那个头发打结、愁容满面的自己，唏嘘不已地说："哎，世间真是不公平，怎么我就不能生在富贵人家，怎么我就不能国色天香，怎么我就没有她那样的好运气？"

语气之沮丧，情绪之低落，好像世界上本该属于你的男人、钻石、工作、名校都被人硬生生地从你手掌心里抢走了似的。

我想说的是，你总得和生活真刀真枪地大干一场，才有资格说"这花花世界，我尽兴了"；你总得和自己认认真真地较几次劲，才有资格说"这上苍赠予我的青葱岁月，我一丝一毫都没有浪费过"。

人生的成绩单是掺不得半点虚假的，你糊弄它一下，它就能糊弄你一年；你糊弄它一年，它就能糊弄你一生。所以，别幻想什么从头再来，也别奢望天上掉下好男人、铁饭碗，你的幸福取决于你自己的抉择和付出。

西方有谚语说，欲戴王冠，必承其重。你想要自由，就要尝试练习对抗地心引力的束缚；你想要成功，就得与困难真刀真枪地打一仗。因为这世界，从来就没有不需要抵抗重力的飞翔，也没有轻而易举的成功。

换言之，你今天遇见的尴尬都是你从前的懒惰埋下的"地雷"，而你明天将会拥有怎样的人生取决于你今天付出何等程度的努力。

凡是你糊弄过的，早晚会露出马脚。你糊弄过去的越多，你挨的巴掌越响亮，你要丢的脸也越多！

请记住，现实他老人家绝不会拿着一本书、摸着胡子、扶着眼镜对你说："姑娘，我的乖乖，我们来讲讲道理"，而只会一个大嘴巴子把你打倒在地，然后恶狠狠地对你说："笨蛋，学着点儿！"

很多人无数次地陷入难堪，

原因竟然是惊人的一致：

无非是，你仅仅只产生心理上的不断自责，

却缺乏行动上的立即改变。

备胎的美梦，你做得过瘾吗

1 |

邻家小妹莉莉在电话里把她这辈子能说的脏话都说了一遍，是的，她被一个渣男甩了。

莉莉是在健身房里认识渣男的，在那种荷尔蒙四溢的地方，一个身材健硕的帅气男生对你会心一笑，远比在大马路上看到一张帅气的脸更容易让人动心。据莉莉后来描述，渣男很有套路，先是对她微笑，然后搭讪，之后请客吃饭……三天之后，莉莉就在朋友圈里宣布自己"脱单"了。

在她脱单的第一个星期六，莉莉带着渣男约我见面。她的理由是："老杨你看人比较准，我妈也信任你，你先见见他，然后再挑好听的讲给我妈听。"

见面的地点是一家很有档次的咖啡店，然而，真正让我对这家咖啡店印象深刻的不是它的咖啡、食物、环境，而是在这里，我遭遇了前半生里"最尴尬"的约会：这个男生除了"嗯""哦""好的"这样简单的应答之外，就几乎不说话，全程都在玩手机游戏。而莉莉就坐在他的旁边，尴尬得像个错误。

后来，渣男提出临时有事先走了，而请我吃饭的莉莉则说她没带钱包，结果这顿饭是我埋的单。

那天晚上，莉莉没有按计划让我向她妈妈美言几句。毕竟我不能说，"这男生的手机不错"，或者"那款手机游戏不错"。

莉莉是通过渣男的微信发现自己是备胎的。那天，莉莉的手机没电了，就借渣男的手机给老妈打电话，结果就在通话过程中，来了一条微信。在好奇心驱使之下，莉莉点开了微信，是一个姑娘的头像，内容是："老公，在干吗？"

莉莉往上翻看了聊天记录，她发现他们俩才是真情侣。每天临睡前渣男对那个女生说的甜言蜜语比她多好几倍。怒火中烧的莉莉直接冲到渣男面前，渣男一把把手机抢了过去，厉声问道："谁让你看的？"

怒目相对了三十秒钟，莉莉完败。她开始求渣男原谅，而渣男似乎并不买账，他甚至告诉莉莉他同时在和四个女生交往，而她是最可有可无的那一位。

心寒是什么感觉？大概是，夏天喝汽水也仿佛是冬天饮雪水。

她在电话里声嘶力竭地哭喊："怎么可以这样？他怎么可以这样？我到现在才发现，我做备胎都不配，还得去排队。"

我反问道："你这样有意思吗？连备胎都算不上的人，吃哪门子的醋，耍哪门子的疯啊？"

她顿了顿又问："那你说，他喜欢过我吗？"

我说："大概是喜欢吧，但这一点儿都不妨碍他喜欢别人。"

她用一句"好不公平"结束了这次通话。

是啊，世间的感情根本就没有公平可言，深爱的一方从来都是弱势群体。

他只字未提爱你，你却声声都是"我愿意"；他一个偶然回头，你能精确地记到几点几分几秒。但后来他牵着别的女孩的时候，恐怕都不记得你是谁。

你抱着无限的期待，以为"当备胎最后变成了真爱，世界就承认了等待。"可实际上，备胎就是备胎，他一句不爱了，就可以给你没日没夜的等待一个交代。

So easy！

作家八月长安就曾对备胎这一生物有过生动的描写："世界上有一

种角色叫炮灰，她们资质平庸，她们努力非凡，她们永远被用来启发和激励主角，制造和开解误会，最后还要替主角挡子弹——只有幸运的人才能死在主角怀里，得到两滴眼泪。"

哎，好想给"努力上进、百折不挠"的备胎们做个专访，主题就叫"备胎的美梦，你做得过瘾吗？"

2 |

这个世界，好人和坏人未必一样多，但傻子和聪明人绝对是势均力敌。比如有人"换备胎"时觉得天经地义，有人"当备胎"时觉得心甘情愿。

小冉在喜欢某文科男的时候是知道他有女朋友的，小冉也知道不该去喜欢他。她甚至刻意与他保持距离，以期让自己那颗失控的心安稳一点儿。

但让小冉始料未及的是，这个文科男却隔三差五地来约小冉，"周末的科幻大片，咱们去看首映吧""有个朋友从内蒙古来，你和我一起去'接见'吧""假期有安排没，没安排的话，咱们一块儿去做兼职吧"……

文科男的朋友们见他俩总是在一起，就会起哄"在一起吧"，而文科男则是翻着白眼回复道："小冉是我妹妹，你们别乱说！"

文科男的女友也吃过醋，甚至当着小冉的面和文科男吵了起来，而文科男的回复是："她是我妹妹，你瞎想什么？"

乱想的可不绝不仅这些人，连小冉也没少"乱想"。有一次，文科男受了挫折，小冉一直陪伴其左右，在某个无人的角落，文科男突然给了小冉一个暧昧不清的拥抱；还有一次，他们东拉西扯地聊着婚姻，文科男居然告诉小冉，说结婚就应该娶小冉这样温柔知性的姑娘……

可是一到大庭广众之下，文科男就宣称她是"妹妹"；一到他接到小冉电话，就告知女朋友是"妹妹"打来的。

什么是"妹妹"？要我说，不过是打着"兄妹关系"旗号的备胎罢了，他享受着"妹妹"的陪伴，却不必对她的感情负责。

傻姑娘啊，他分明只是在利用你排解寂寞，你却天真地认为那就是爱情！

无数的事实一再证明：当备胎知道自己是备胎后，还愿意做备胎的，那结果注定是悲哀！

你暗示自己"付出总会有回报"，你鼓励自己"爱情就应该主动一点儿"，你安慰自己"爱情就应该不计得失"……

对于他，你像圣母一样宽厚仁慈，不计代价地给予他你全部的爱；你像超级英雄一样无所不能，在他需要时给予他你最大限度的无私帮助……

你可以变身为他的"亲妈"，做他寂寞时的知心朋友，失落时的励志语录，失眠时的摇篮曲，困倦时的苦咖啡，反正就是做不了他光明正大的恋人。他也只会在夜深人静时才想起你，只会在孤独无聊时才联系你。他对你说的每一句话都漏洞百出，可你还是开开心心地照单全收……

你看，备胎就是给自己挖个坑，然后毅然决然地往里跳。既然坑是你挖的，起跳也是自愿的，那最后困在坑里爬不出来，你还能怪谁？

你以为自己再多几句殷勤关怀，再多几次见缝插针的投怀送抱，他就会和他口中那个"不如意的女友"一刀两断，就会将你从无数的备胎中升级为"女友的不二之选"，从此爱你一心一意，甚至与你缘定三生。

你以为自己再努力一点儿，再坚持一会儿，他就会懂得你全部的心酸和情意，就会被你感动，然后奉上一个动人心弦的长吻，如同一次久别重逢。

等到对方突然抽身离去时，你浑身上下填满了愤懑与不甘——你不明白，为什么眼看着就要水到渠成的爱情，突然就变成了天各一方的冷漠。

你错了，爱情并不奉行"天道酬勤"的准则。

当你只是备胎时，纵然你用尽了全身力气，也顶多只能换来半生回忆。这时的你就像是平底锅里只煎了一面的馅饼，上面是甜蜜幻想，下面是万般煎熬。

3

你敲了大段大段情意绵绵的文字，却只换来一个敷衍了事的"嗯"；你绘声绘色地描述你一天的生活，却只等来一个可有可无的"哦"；你得意洋洋地把自己的美好世界呈给他看，他的世界里却从未有过你的位置。

你把"醋意"吃得有滋有味，他的"我有点儿事"却来得恰到好处；他把"我困了"讲得云淡风轻，任由伤感翻江倒海地朝你袭来……

你这又何必呢？

你觉得他又对你笑了，然后将这微笑当成是峰回路转的希望，但很快又发现，他其实对谁都这么笑；你隐隐约约地觉得自己有责任陪伴他，但想了又想，似乎又拿不准自己有没有资格。

你一笔一划地描绘着有他的未来，他却拿着橡皮擦一点一点地用力擦掉。

你呀，你从来都没有很重要，只是偶尔被需要罢了。

那么，当发现自己被当作"备胎"的时候，到底是"老死不相往来，从此各为自个"地决裂呢？还是"纵此生不见，平安唯愿"地祝福呢？

我觉得都不好，远不如用露出八颗牙齿的标准微笑，优雅地送他一句"愿你孤独且长命百岁"来得爽快。而且你还会发现，当备胎的时候，万病丛生；一旦放过了自己，就百病自愈。

切记，现如今喜新厌旧已不算是病了，不断原谅妥协的才是病！

另一方面，如果你意识到身边可能会有备胎出现的时候，你该警觉，而不是贪心。备胎从来不是你感情的备份，更不是你生活的退路。

备胎不是安全感的来源，他只会让你在潜意识里高估自己的优势，让你自认为"我还不错，至少还有别人喜欢，和现任产生矛盾只是现任不懂珍惜罢了""此处不留人，自有留人处"……这样的心态会让你变得更肆意妄为，更飞扬跋扈，更不懂珍惜。

是的，备胎的存在会让你进退失据。

需要特别强调的是，作为女孩子，如果知道别人有女朋友或者结婚了，就不能再主动勾搭、暗示了。对于这样的女生，我只想祝你以后的男朋友碰到的都是你这样爱四处勾搭的女生，还一个比一个漂亮！

谁也别惯着，
你本就不是省油的灯

1 |

大学室友前几天求婚成功，一场在水族馆里完成的浪漫求婚很快就在微信群里炸开了锅。多数人都在表达羡慕或祝福，A却在"嘴欠"地刷着存在感。

A在群里断断续续地说："老同学的女朋友是练体育的吧？你看那胳膊上的肌肉，哈哈。""你们俩也太能作了，居然还去水族馆里。""戒指是婚戒还是道具呀？个人觉得有点儿小。""老同学啊，恕我直言，怎么看都觉得你女朋友配不上你。"

群里没有人接A的话茬，因为大家都知道，室友的女朋友Lora就在群里。群聊的气氛明显变得尴尬了起来，在沉默了几分钟之后，Lora 在群里开口了："这位同学，我就是你老同学的女朋友，你的眼光很独特嘛。"A 回复道："我说话比较直，你别介意啊。"

Lora 说："刚才听我男朋友说，你就住在隔壁的小区，出来吃个饭吧，我请客。"A 回复道："这么客气，那一会儿见。"

大约过了两个小时，Lora 在群里发了三张照片，是 A 喝醉了瘫坐在椅子上的丑态。

是的，Lora 在男朋友的"督战"之下，将 A 喝倒了。

我问 Lora："你太厉害了，就不怕损了自己的光辉形象吗？"

她回复我："其实我和多数人一样，对友善的人一直都很友善，但如果有人来挑事儿，我一般也不会束手待毙。他既然不怕我难堪，我当然也不怕让他难看。我得让他知道，他的嘴巴是很厉害，但我也不是省油的灯。"

在我们身边，经常有人带着强烈的自豪感和一本正经的脸说"我就是这样的人""我说话直""我实话实说"。这些人永远都是一副理直气壮的样子，他们不分场合、不留情面，用"我说话直"做"嘴欠"的免死金牌，用"我就是这样的人"做损人之后理应被赦免的缘由，然后昂首挺胸地走在"让别人难堪"的路上。

但是无数的事实证明，嘴欠的人看似是与众不同、特立独行，实际上是人见人烦。他们是热闹气氛的冷冻机，是团队合作的"不定时炸弹"，是群聊时的话题终结者，是社交圈子中的鬼见愁。

以"跟你很熟"的名义进行的胡乱指挥，本质上只是他们对自己苍白生活的一种泄愤；以"实话实说"的名义进行的指指点点，其实只是他们对别人快意人生的一场意淫。

这些人恐怕自己也不明白，为什么每次都是自己费脑细胞地逗众人一乐，最后被孤立的竟然是自己？为什么"我这么耿直"地说出了真相，最后却得不到别人一丝一毫的尊重？

其实答案是这样的：这个世界并非排斥"有趣有料"的人，也并非虚伪到"容不得耿直"的人，它只是容不下没教养的人。

没有教养，说话冲，其实这些都是心理疾病。单单为了自己快活，不惜把废气、怨气、邪念、歪心投射在其他人身上，说到底，病根就是自私。

可总有人将"我说话直"当作"嘴欠"的替身，好像这几个字一说出口就理所应当被人原谅。这些人从来不曾反思：凭什么别人受了你的气，还得陪着你笑呢？

要我说，这真不算性格上的率真，顶多只能说是情商上的缺陷和人性中的自私。如果一个人想到什么就说什么，从来不考虑别人的感受以及因此造成的后果，那他就是做人有毛病。

下次如果你遇到有人说"我说话就是这么直，你担待点"，你就反问他一句："我能不能抽你一巴掌，然后跟你说'我打人就是这么疼，你忍着点'？"

我始终觉得，人活在世界上有两大义务：一是好好做人，二是不惯着别人的臭毛病。

2

从小到大，几乎所有人都在提醒你：你要做一个好人，要与人为善。可长大以后却发现，总有那么几个烦人的人在阻止你做一个好人，并且让你觉得，自己的善良和包容等同于助纣为虐。

前几天和英子吃饭，吃到一半时，她突然对我说："和讨厌的人撕破脸，感觉好极了。"

英子讨厌的人叫 w，w 是公司的技术主管，整天除了四处找人闲聊，就是到处挖苦人找乐子，内向的英子一直是他"找乐子"的对象。

半年前，英子的发囊出了问题，被迫剃掉了一部分头发，所以有近三个多月，英子都戴着帽子。有一次在电梯里，英子遇见了 w，她把帽檐压得很低，假装不认识 w，可还是被发现了。w 没有打招呼，而是当众摘下了英子的帽子，在看到英子的光头时，W 在电梯里哈哈大笑，完全不顾英子的感受，并且还大声地嚷嚷："你人又不聪明，还学人家绝顶！"

英子拼命地捂着头发，然后逃也似地离开了。她躲在厕所里哭了足足半个小时，然后像什么事儿都没有发生一样去上班了。后来，英子的外套、鞋子、长相、皮肤都被 W 笑话过。英子都忍了，她说："毕竟是同事，低头不见抬头见的。"

后来，英子同公司的好闺蜜知道了这件事，她领着英子就冲到了W 的面前，掀起一堆文件直接甩在 W 身上，厉声说道："你算什么东西，看英子好欺负是吧？"办公室里所有人都被震住了，只见 W 将文件挨个捡起来，细声细语地说："小妹，我只是开玩笑。"

英子的闺蜜又一把将文件推到地上，继续大声喊道："谁跟你开玩笑？走走走，我们找领导聊聊这是哪个国家的玩笑！"

W 不再出声，他走到英子面前，很认真地说了一句："很抱歉。"

英子对我说："那一刻，我突然意识到，撕破脸皮，原来就像拉开易拉罐那样简单，原来可以像谈恋爱那样酣畅淋漓。"

是啊，对那些不可理喻的人，该撕破脸皮就撕吧。但凡不是你生命中不可或缺的人，这一辈子就只有一次和你撕破脸皮的机会。早日撕破，早点解脱。

毕竟你又不是佛祖，你的生活已经够辛苦了，为什么还要借用"我们是朋友""我们是同事""我们是亲人"的名义来为难自己。对那些友善的人，你还是该秉持着你原始的善良，不矫情、不装模作样，但对那些肆无忌惮欺负你的人，你就该亮出獠牙。

你得让他知道，你虽善良，却并非软弱。

善良其实是能力，而不是情感。只有你强大到可以保护自己了，别人才会去在乎、感激你的善良。所以，在能够承受别人的"恶意"以前，请不要过度使用你的善良。

这并不是鼓励你变成一个伶牙俐齿、没心没肺的悍妇，而是鼓励你对那些没事找茬的人凶猛一些、严厉一些，因为对这样的人，你的容忍退让只会换来对方的得寸进尺。

真的没必要为了情面而留住那些"八竿子打不着"却还时常打搅你的人，更没有必要为了所谓的圈子而放纵那些肆无忌惮的人。你要明白，不是所有人都会在你需要的时候站出来。相反，那些泛泛之交还会给你造成很多不必要的困扰。

再说了，圈子小并不一定是坏事。你只需用心地经营一两个小圈子就够了——就是这一小撮人，一旦你遇到孤立无援的困境，他们早就挺身而出，站在那儿了！

不要等到让"好人有好报"这种大道理扇了你一巴掌，你才知道社会有多现实；不要等到被"为了一团和气"伤得心灰意冷了，你才知道人心可畏。

3

王朔曾自嘲道："人挡着我，我就给人跪下———我不惯着自己。"没想到居然有人当真了。

为了避免尴尬冷场，你总是绞尽脑汁刻意制造话题；为了所谓的人情往来，你勉强自己做不喜欢的事情；为了得到"好人卡"，你一而再、再而三地委屈自己。最后你"满载而归"———人人都夸你是好人。

你浑身上下都是百十来块钱的便宜货，却为何专门在品牌店里给男朋友挑领带和西装，为何专门拜托朋友在国外给孩子买食品和玩具……最终你"功勋卓著"———人人都赞誉"你真懂事"。

"你真懂事"的意思是"你挺好欺负的，也很容易哄。以后我再这样对你，你也不要生我的气，不然就是你的不对；以后我还会欺负你，你忍着就好了。"

我知道，有时候你是自认为力量单薄，不敢还击；有时候是本着与人为善的原则，没有还击；但更多的时候是碍于颜面，放弃了还击……于是，麻烦你、欺负你的人越来越多。

有时候你是觉得自己不够好，不值得精心打扮；有时候是本着爱意，甘愿付出，但更多的时候是因为你骨子里懦弱，总想着"以牺牲自我来换得对方的关注"……于是，你被轻视、被辜负的次数越来越多。

你要记住，面子是别人给的，但脸都是自己丢的。

一个姑娘家，最明显的优点是心软，最明显的缺点也是心软。实际上，你对劈腿的人心软，就是对自己的爱情心狠；你对伤害你的坏人心软，就是对自己的伤口心狠。有时候，心狠一点儿，能救自己一命。

如果你总是曲意逢迎，那别人就会以为你根本就没有态度；如果你总是忍气吞声，那别人就会认定你毫无脾气；如果你总是笑脸迎人，那别人就会觉得你毫无立场……

你要自爱，不要把你全部的力气、善良和认真，当作赠品那样免费发放，浪费在不被需要或受人轻视的地方。你还应活得矜贵——对物质有追求，对感情有底线，对生活有原则。

一旦失去了底线和原则，你的友情将不再单纯，会成为一个互相提防、互相讨好、最后不欢而散的别扭游戏；你的爱情也不再安稳，会变得疲于迎合、患得患失，最后在清汤寡水的生活中消耗殆尽。

如果再有男生问你："假如我没钱，没车，没房，没钻戒，但我有一颗爱你的心，你愿意嫁给我吗？"我希望你能直接反问他："假如我没身材，没相貌，没工作，没身高，不能生育，但我有一颗爱你的心，你愿意娶我吗？"

要我说，男生嘴里强调自己一无所有，表面是想彰显自己的情真意切，其实只是他的斗志还配不上你的身价。

希望你能转告你的男朋友："别再羡慕别人家的女朋友懂事，会省钱，会过日子。你该明白，养大鹅跟养天鹅的成本是不可能一样的。"

以"跟你很熟"的名义进行的胡乱指挥，
本质上只是他们对自己苍白生活的一种泄愤；
　　以"实话实说"的名义进行的指指点点，
　其实只是他们对别人快意人生的一场意淫。

人生苦短，必须性感

1

　　一堆人在群里吐槽相亲经历，各个是怨声载道。这时候，从不在群里说话的 Hebe 发声了。

　　Hebe 其实才二十七岁，可在她妈妈眼里，她就是"大龄、未婚、烦人女青年"的代表！在母亲大人的三令五申之下，Hebe 终于踏上了相亲之路，可头一次相亲的她，连对方长什么样都没看清，就结束了。

　　她哭笑不得地说："我们俩一共才说了六句话，每人三句。头两句是一样的'你好'，三四句是互相介绍'我叫某某某'，第五句是他说的'谢谢，打搅了'，最后一句是我说的'嗯，好的'。可第二天，我就被我妈一顿劈头盖脸地责骂，我这才知道，那个男生回家告诉他的家人，说是女方不同意。"

没多久，群里替 Hebe 鸣不平的声音此起彼伏，比如"这男的怎么这样，一点儿责任心都没有""别生气，以后还会遇到更合适的""没有被这种男生看上，绝对是你的运气"……

正当舆论一边倒的时候，一个男生发话了："其实这事儿也怪不得别人，因为没有谁有义务，必须透过连你自己都毫不在乎的邋遢外表，去发现你优秀的内在。"

我悄悄地在心里为这个毒舌的男生点了赞，因为我了解 Hebe，她就是那种对身材、妆扮、搭配都无所谓的女孩。不论是家庭聚会，还是朋友聚餐，她都一副邋里邋遢的样子，关键是，她不仅邋遢，还胖得没边儿，还觉得无所谓，自以为是个性！

她常用的签名也大致说明了她的形象："我才不要做装出来的美女，而要做内心强大的女汉子，强大到可以视肥胖为性感，视贫穷为骨感，视蓬乱为野性之美。"

可现实是，在她身上除了身份证之外，再也看不到任何能证明她是女人的元素了！

二十几岁的花季年龄，本来是最应该魅力四射的时候，你怎么能放任自己变丑呢？

是的，你工作很忙，生活很累，一个星期要加几次班，下班之后又要在路上堵得撕心裂肺；是的，你没有男朋友约会，没有闺蜜逛街，所以你只能单调地上下班，无聊地看着韩剧、美剧，然后保持着追一部剧换一个"老公"的频率……难道你就准备让自己的大好青春就这么乏味地、无所事事地耗光吗？

不可以！人生苦短，你必须性感！

出门的时候，补一个精致的妆，换上那双最爱的高跟鞋；周末的时候，喷一喷那款早就准备好的香水，和久未见面的闺蜜肆无忌惮地谈天说地；纵然是加班，也要把自己收拾得落落大方，回到家里更应该耐心地犒劳自己——管它是敷面膜还是品红酒，你要让自己美好起来！

你要学会往平淡无奇的生活里撒糖、加盐，而不是清汤寡水地活着！

如果你身上一点儿好姑娘该有的特征都没有，就不要怪别人拒你于千里之外了；如果你看起来一点儿好姑娘的样子都没有，就不要抱怨别人对你望风而逃了！

虽然我们一再强调，不要过分关注一个人的外表而忽视了其内在的品质，但你要认识到，你其实就是一个品牌，外在邋遢，怎么让人相信你会有优秀的内在？

所以我的建议是，再忙也要抽出时间让自己美起来，再孤独也要去健身，你总不能既没钱，又单身，一穷二"没"，还"胖"若两人！

2

　　表姐刚毕业的时候是有男朋友的。那时候的她完全遵从她男朋友给她设定的人物形象——平平凡凡，简简单单，不粉饰，不炫耀。她的衣服全靠淘宝，化妆全靠大宝，头发和皮肤也是天然的粗糙。

　　时间久了，二十几岁的她看起来就像三十多岁、养过两个孩子、正被家务活折腾得完全没有光彩的家庭主妇。

　　就在表姐抱着结婚的幻想，努力攒钱帮男朋友凑新房首付的时候，男朋友劈腿了另一个好看的女孩。搬行李的那天，表姐是一哭二闹三上吊，可男朋友还是头也不回地走了。

　　表姐在给我打电话的时候已经哭累了，她的声音很低，但听得出来愤怒和不甘心。她问我："那个女孩就是看起来比我会打扮一点儿而已，哪比得上我真心真意？"

　　我没有回答她，而是请她大吃了一顿，然后怂恿她去逛街。平日里节俭惯了的她这一次算是豁出去了，换了一套时髦的衣服之后，又去做了头发，另外还买了一大堆护肤品和化妆品。回到家没多久，表姐就在朋友圈里晒了一张自拍照，完全颠覆了她之前的模样。

　　我调侃她说："你这哪是照片啊，简直是照'骗'！"表姐淡然一笑说："原来我可以这么美！"后来表姐越来越享受装扮之后的自己，也越来越意识到花钱带来的精致、美丽和自信，最最重要的是，她开始喜欢自己了！

多数女孩子的想法是，这一生一定要与一个真心真意的男人在一起，白头偕老，不离不弃，琴瑟和鸣。但我想提醒你的是，男人仅凭第一眼能爱上的，只是你的脸、你的气质，绝对不是什么忠贞、爱情，更不是你的学历、收入、家庭或品德。

真正能够长久地留住爱情的是你不断增加的优点和与日俱增的魅力。千万不要把恋爱之初的缠绵悱恻和未经考验的海誓山盟当成天长地久的本钱！

你不能把自己像个没有投递地址的包裹一样丢给男人，更不要轻易相信男人对你说的那句"你负责貌美如花，我负责赚钱养家"。因为一旦你在他面前失去了吸引力，那么他去养谁都可能，唯独不是养你！

所以，年纪轻轻的时候，你要拥有赚钱的能力，还要学会花钱来保养自己。最帅气的姑娘是，既能赚钱养家，也能让自己貌美如花。

王家卫曾说，没有一个男人不在乎女人的容貌，虽然男人爱将"容貌总会过期"挂在嘴边，但他骗得了女人，却骗不了自己。

对啊，若他不曾领略过你妆后的惊艳，又怎能爱上你的素颜？

再说了，就连让你感动不已的"我爱你"这三个字，也只是男人感情世界的冰山一角，在这"海水"下面，还隐藏着一些他不愿意说出来的东西——"我爱你的美貌，我爱你的性感身材，我爱你的回眸一笑，我爱你的小蛮腰和细长美腿。"

相信我，男人和女人是永远都不会平等的。除非你能顶着秃头和啤酒肚走上街，还觉得自己很性感。

3

正值花季的姑娘，你可以不要浓妆艳抹，但你还是要呵护肌肤；你可以忍受孤独、拒绝狂欢，但你还是要准备三两套赴宴的衣服和饰品；你可以忙工作、追梦想，但你还要抽空去看书和瘦身。

你要明白，男人喜欢的可以是素颜，但绝对是皮肤光滑、白嫩的素颜；他喜欢的可以是简单平凡的着装，但绝对是要求你穿着得体、干净利落的样子。

相信我，没有一个男生会喜欢一个皮肤灰暗、满脸痘痘、头发油腻、穿着邋遢的女孩子，更何况是要一辈子生活在一起的人。

所以，别再信誓旦旦地喊着"瘦下来，世界就是你的"。然后调头就作息大乱，饮食一团糟，退一万步讲，这样的你就算瘦了，世界也不是你的！

真正的性感是精神上的不卑不亢，是不论胖瘦都能保持身心的健康，是见识了现实的骨感却依旧用饱满的热情热爱生活。

当你的身材变好了，皮肤养白皙了，身上透露着一股浓浓的"爱谁谁"的气质的时候，你穿什么都会很有气场！

别再在失恋过后咬牙切齿地说："我要好好爱自己"，然后转头就暴饮暴食，结果在最好的时光里变成了一个胖子。试问一下，一个对自己的身材和健康都负不起责任的人，又拿什么对工作、对爱人、对梦想负责？

真正的性感是对欲望的节制。你确实是要好好爱自己——但是是拿最健康的食物，最规律的作息，最坚韧的心态来滋养自己，而不是放纵自己的欲望，来丑化自己的身体和灵魂。

真正的性感必须有强烈的自律，就是要有在紧要关头说"算了"的能力：跑步训练才坚持两天，有人叫你去吃烤肉，你能说"算了"；周末很无聊，有人叫你去通宵唱歌，你能说"算了"；遇见不合适的工作、感情，你能说"算了"。

自律的你必定是一个有力量的姑娘，这样的性感才不狭隘、不猥琐、不廉价。庸俗而低级的性感，才会注重化妆的浓艳，裙子的长短，露出了多少肩膀、腰、或者胸；而高级的性感，则是从骨头里散发出来的，一颦一笑，甚至是拿杯子的姿势，都能让人销魂。

这种性感是有魅力的，是充实的，是生命和激情迸发的结果。那些空虚、寂寞、无聊的女人是不会性感的，这真的和你长得怎么样，没太大的关系。

都说岁月是把杀猪刀，时间的确力大无穷。但是，岁月留下的痕迹也不都是沟壑般的纹路，自律自爱的姑娘简直就像香醇的红酒，只能用"上品"来形容，性感得无可救药。

善良要有，还得漂亮

1 |

Ella 是朋友圈里的大好人，什么都好，性格开朗，唱歌好听，做饭也好吃，唯一让她自己觉得不好的是，自己很胖。更不好的事情是，她喜欢上了一个超帅的男生。

一次聚会上，她一眼就相中了他，用她的话说，是"眉眼带笑，看一眼就心动了"。然后，她主动搭讪，主动帮忙拿饮料，主动在 KTV 里唱情歌。更关键的是，在一堆人喊她"胖丫"的时候，他是唯一一个喊她名字的人！

再往后，她专门为他炖过粥，专门陪他在烈日下帮他完成市场问卷调查，而其他人有聚会，也都心领神会地将他们两个人都喊去。无论什么时候，只要是有这个男生在场，Ella 都是一副面红耳赤的样子。更要命的是，从来没有自卑过的 Ella，在心里越来越多的喜欢和肚皮上越来越刺眼的肥肉面前，头一回感受到了强烈的自卑。

我调侃道："你们了解得差不多了，什么时候表个白吧！"她腼腆得完全不像她自己了，红着脸说："我没想过谈恋爱啊，就是认识认识，多个朋友。"

其实我知道，她不是不想谈恋爱，而是觉得自己的长相，根本就配不上自己的眼光。

就在 Ella 以为可以继续做朋友时，她突然发现这个男生和另一个漂亮姑娘暧昧上了。她在朋友圈里发了一句"我好像一个被人扎了一针的气球"之后就关机了，我找到她的时候，她已经在街角的咖啡馆里呜呜咽咽地坐了一下午。

她红着眼睛对我说："我一定要瘦下来，一定要美起来。我要化精致的妆，穿得高贵又优雅。而不是现在这样，穿着最大号的 T 恤和男款的牛仔裤。"

她说着说着就激动地站了起来——身体向前，臀部往后，像是一架永远也无法起飞的飞机，在笨拙而倔强地滑行。

让所有人始料未及的是，Ella 真的在三个月的时间里瘦了下来。没有人知道她吃了多少苦，但所有人看得出来，她真的变成了大美女。

和所有的励志小说、电视剧、电影的情节一样，变美之后的 Ella 不仅收获了美好的爱情，而且在工作中越发出色。在婚礼上，光彩照人的她无比深情地对新郎说："我从来不敢幻想，这个世界会如此地优待我。"我相信她说的是真心话。

你看，当你变好了，世界也变好了，命运也待你温柔了，关键是，帅哥也跟着来了！

不用抵赖，你就是视觉生物。你会一边对着帅气男生的照片流口水，一边对着没钱又丑、没实力又无才的男孩子故作高冷；你会一边对酷酷的男生满是宽容和理解，却一边对痴情追求、但颜值一般的男孩拒之千里。就算他再温柔体贴，再善解人意，都不如那个好看的男人让你动心，让你魂牵梦绕。

但你要记住，金元宝不会从天而降，好男人也不会不请自来。你想要男神做男朋友，你就得自我修炼变成女神；你想要找个瘦高个，你就不能惯着自己一直是个"矮胖挫"；你想要找个"高富帅"，就算你再不济，也要把自己收拾得又瘦又精致。

善良是很珍贵，但一个人的善解人意、平易近人这些卓越的品质，在"长得好看"面前都弱爆了！

至于你听说的什么"只要长得漂亮，就会有很多人喜欢""只要有了钱、有了美貌，女人就会活得容易一些"……我告诉你吧，这些都是真的!

2

机场候机，听见俩姑娘在互相拆台。

A 姑娘特别自豪地向 B 姑娘夸自己的男朋友，说他特别大方，口红、眉笔、粉底、面膜，总是这一购物车买完了，下一个购物车就装满了，轮番地买，而且还总是鼓励她化妆，买新衣裳。

顺便，A 姑娘还"攻击"了一下 B 姑娘的男朋友，说他小气、抠门，舍不得给 B 姑娘买化妆品，还总说喜欢素颜。

B 姑娘白了 A 姑娘一眼，无比傲娇地回了她一句："大姐，你怕是没弄明白吧，你要是像我这样，长得落落大方，当然也不用化妆啊，你男朋友是怕你出去影响市容，才那么大方的!"

我使劲憋着才没笑出声来，但真心觉得，毒舌的 B 姑娘却揭露了恋爱的真谛：男人假装欣赏你有性格、有理想，其实只是看上你的绝顶漂亮；男人假装关心你的皮肤和衣裳，其实只是担心你配不上和他一起出场!

常常听见有男人抱怨，说现在的女人太现实、太势力，只喜欢豪车、喜欢大房子，没车没房就会被她们嫌弃。其实，说这话的男人不仅单方面地掩饰自己"好色"的一面，同时还昭告天下："我是一个穷男人"。

同样的道理，当一个女人抱怨男人花心，只喜欢大长腿、喜欢火辣身材的时候，其实也暴露了自己没有魅力的事实！

你要记住，没实力的男人才会觉得女人现实，没有魅力的女人才会抱怨男人花心。

别再酸溜溜地嘲讽那些穿金戴银的人是"臭显摆"了，别嘀嘀咕咕地说那些有钱不舍得花的人是"太虚伪"了，更不要没有底线地与人攀比。

事实上，有钱的奢侈，那叫贵族的奢华；有钱的朴素，那是低调的内涵；而没钱的奢侈才是赤裸裸的虚伪，没钱的朴素，那只能说明——你是穷得真没辙了。

别再诋毁那些长得好看的人是"红颜祸水"，更不要拿"红颜薄命"来安慰自己的长得丑。你要明白：白雪公主是因为漂亮被王后嫉妒，但同样也是因为漂亮，所以被猎人放走，被小矮人收留，被王子亲醒。

事实上，有高颜值作资本去祸国殃民，那才叫红颜祸水，有姣好容貌作条件去恃宠而骄，才有可能红颜薄命。怕就怕，你自己貌若无盐，还没有自知之明地笑话别人是祸害。

3

天生长得不好看其实就是一种病，否则整形的地方，为什么要叫医院？

但是，天生不漂亮这种病还是有救的（尽管没办法痊愈），所有天生的不理想都可以通过穿着、健身、化妆、读书，甚至是整容来改善。

千万不要相信什么"丑陋的外表没关系，有一颗金子般的心就好"，也千万不要相信什么"心善比貌美还美丽"，这些讨好的话，都是丑八怪的自我安慰和狼外婆写出来骗小孩的！

你若想要征服你的人生，首先就要征服你的外表。

你当然可以纵容自己一直胖下去，一直丑下去，那么，旁人的轻视、好运的绕道而行，甚至帅哥的熟视无睹也自然会照旧。但是，如果你希望更加真切美好地去体验这个花花世界，请你务必想尽一切办法瘦下来，竭尽所能地保持精致美好。

嗯，丑小鸭用亲身经历告诉了全世界人民：只要好看，一切都会好起来的。

可可·香奈儿曾说："在你二十岁时拥有一张大自然给你的脸庞，三十岁时生命与岁月会塑造你的面貌，五十岁时你会得到一张你应得的脸。"

换句话说，十几二十岁的时候，你尚且可以将自己丑的原因归结于父母的基因不给力，你尚且可以将自己的胖、邋遢怪罪于家人的纵容，但是，当你已然成年，有了关于美丑和是非的判断标准，有了独自生活的条件之后，你却依然不美好的话，就只能怪你自己了。

需要提醒的是，你不仅要学会给自己一个精致的妆扮，还必须要有能力分辨对面走来的姑娘有没有化妆。当你确认了她是素面朝天，气色全无，同时还一脸的细纹时，就请记住一点：千万不要上前去打招呼。我是怕你的美会刺激到她。

前阵子流行这样一句话："喜欢一个人，始于颜值，陷于才华，忠于人品。"我希望认同它的人注意一下，是始于"颜值"，你有吗？

其实这句话也十分婉转地表达了另一种观点：如果你和他，没有一见钟情，没有后来的风花雪月，那多数原因是"死于"颜值。

别再像是受了天大的委屈似的，满世界地投诉，说别人素质差，总是对你以貌取人。请你扪心自问一下，你是不是也如此？

在力所能及的时候，你要把时间和金钱花在让自己变美好上。这一点儿都不俗气。当你变好看了，有一张漂亮的脸蛋或一个曼妙的身材，你就会发现，漂亮会替你省去很多烦恼。

至于那些一边贪吃，一边喊着要减肥的姑娘，我对你满是钦佩，因为对你而言，光是不发胖，怕就已经竭尽全力了吧？

　　那么，我愿有人陪你在大把的美好时光里做个胖子，然后在每一个脂肪泛滥的日子里，给你壮怀激烈的爱情或友谊。

　　如果有的话……

请管好你那泛滥的情怀，
我怕它会淹没你的余生

1 |

朋友璐璐今年二十七岁，就已经开始拿四十多万的年薪。她拼命工作的时候像是自带了发动机——连续两个昼夜不合眼是常有的事；闲暇的时候又是情怀满满——为了看马德里的夜景，她花了十五个小时独自飞到了西班牙。

不论是夜泊秦淮，还是暂居里约，不论是在夏威夷的私人海滩度假，还是在波尔多的小酒窖里漫游，璐璐活出了无数人羡慕的样子。

不熟悉璐璐的人都以为她不过是有钱、有闲，只是幸运，又或者是仗了某某的势，但熟悉璐璐的人都知道，这一切都是她拼命努力的结果！

大学毕业之前，璐璐和大多数人一样，踌躇满志，理想大过天；可大学毕业之后，璐璐和几乎所有人一样，满是迷惘和焦虑。不同的是，璐璐比同龄人更能吃苦。她的第一份工作是在一家电子书企业做销售，经常出差不说，还是到异国他乡。

最惨的时候，她一个人住在新德里最廉价的酒店里，银行卡里就剩五块三毛钱。有一阵子，出差款晚发了一个月，她被迫在酒店旁边的小饭馆里兼职临时工……可即便如此，璐璐丝毫没有放弃过学习，也从未抱怨过谁。

在长达十几个小时航程的飞机上，她有一半的时间是在背法语单词中度过的；在繁忙而劳累的兼职时间里，她依然是一边做清洁一边还默记着营销策略；在别人沉沉入睡之后，她继续在微弱的灯光下写一天的心得。

没有人知道，廉价酒店的房间门在凌晨一点多被人踹了一脚之后有多么吓人；没有人知道，在语言不通的异国他乡的街头迷路之后的慌张；也没有人知道，被一个拿着尖刀的家伙在众目睽睽之下抢走钱包有多么无助……这些，她都知道。

在那段暗无天日的时间里，她的个性签名一直都是："一座城市的包容力就体现在，不但接纳了你这样的怂货，更接受了欺负你的横人。"

后来，有人羡慕她的独立和勇敢，便求教她："语言不通，能力一般，我一个人在异国他乡不会生活怎么办？"

她很认真地回复道："这世界上根本不存在'不会'这种事，当你失去了所有的依靠的时候，自然就什么都会了。"

还有人羡慕她周游世界的潇洒，便问她："没有钱的时候，怎么完成一段说走就走的旅程呢？"

她笑着说："没有钱的时候，你根本就不该想这个问题啊！你要想的是努力满足那个条件，而不是侥幸地想逃避那个条件。"

她补充道，"没有实力的时候，最好不要跟'情怀'的风。因为情怀需要实力做根基才能平稳地落地，而不是靠一点点寂寞幻想来麻痹自己"。

在我们身边，炫耀"情怀"的人不计其数。以至于微博、朋友圈里总能看到这样的句子：世界这么大，我想去看看；你在办公室加班的时候，洱海的鱼正跃出水面；趁着年轻去过随心所欲的生活；放下一切出发吧……

但是，在你说走就走之前，或者放下一切、不计后果去旅行之前，是否问过自己：你这段旅程的资本是什么？出去走一圈就真的能缓解你的不安吗？辞职旅行回来后，一切都能好转吗？

事实上，不论是"说走就走"，还是"筹备已久"，不论是"去远方"，还是为了"摆脱现状"，你至少要拥有三样东西——钱、时间、实力。

钱和时间能给你旅程的质量，自身的实力则能给你上路后的欢喜踏实。

如果你一无所有，那西藏再圣洁、伦敦再繁华也都与你无关；如果你连自给自足的能力都没有，那"不识抬举"的同事、"无事生非"的熟人、"有眼无珠"的上级、"纠缠不清"的烂桃花会一直伴着你。

补充一句，若是没钱、没时间，关于这个世界，你还是想看看、想转转，我倒是有个法子——买个地球仪吧！

2

泡芙小姐嚷嚷着要辞职，从去年十二月份一直说到今年十二月份。她要辞职的动机很简单，说"生活不止眼前的苟且，还有诗意和远方"。她没辞职的原因更简单，"去远方太贵了，而辞职了可能连温饱都成问题，哪还顾得上诗意"。

她向我抱怨："哎，命苦，别人怎么就那么好运气，要钱有钱，要爱有爱，我怎么就那么倒霉，想走走不了，每天圈在这里干耗着。命运真是太偏心了！"

我回复她："虽说这世界并不公平，但至少它还承认努力啊。没有谁是躺在沙发上就能变瘦、变好看的，也没有人能抠着脚丫子就能升官发财的。别人诗意的栖居背后，一定是他拼命努力的结果。"

泡芙小姐撅撅嘴，继续说："我也想拼命啊，可根本就提不起精神，一想到在年纪轻轻的时候要出卖自由、灵魂，圈在1.5平方米的办公桌前，就满心不甘啊。"

我反问道："那你觉得年纪轻轻的时候应该做什么？出门远行？浪迹天涯？比翼双飞？又或者是躺在沙发上玩手机？熬红眼睛追韩剧？"

周游世界的钱和时间你有吗？自给自足的本事你攒够了吗？如果没有，你凭什么说走就走，凭什么想辞就辞？

这是一个强调对等交易的时代。拥有了财富自由，你才有资格去要求精神自由、人身自由，但在实现财富自由之前，你就得牺牲人身自由去换财富。

其实，出卖自由去换取财富，这一点儿都不丢人，丢人的是，你卖不出一个好价钱！

大多数年轻人的症结是，清楚地知道自己不想要什么，比如在学校里不想被落单、不想挂科；进入职场不想低人一等、不想被瞧不起；但少有人知道自己想要什么，以至于很多人只能借用经典语录来替自己总结陈词："我要变成更好的自己""我要变优秀"。

可实际上，你连"更好的自己""优秀"是什么都不太确定。看别人旅游就想旅游，看别人辞职就想辞职，看别人成功就想努力，看别人健身就去办年卡，看别人出双入对就想谈恋爱……你太嫩了，以至于无法掌控好自己不知深浅的奢望和横冲直撞的情怀。

其实情怀就像是激素。如果只是一点点，它可以帮你抵消苦闷，激发斗志，可如果用得太多，它就变成了毒品——它会麻痹你，让你接受自己的无能却不以为然，让你满足于岁月静好的假象而不思进取，让你醉心于碌碌无为的平凡而无动于衷。

这时候，你会无比的轻松惬意，因为你的世界里不再有"不会""不能""不行"的事情，有的只是"不屑""不值""无所谓"；你的梦想将会空无一物，因为所有的"得不到"都变成了"我不想要"；你的内心会失去自省和反思的功能，因为所有的"偷懒行为"都变成了"我只是不愿和这个世界同流合污"……

我要提醒你的是，情怀不是行动的退堂鼓，更不是庸碌一生的遮羞布，它根本就负不起"让你变得无聊、无所作为"的责任，也遮不住"你实力不行、懒惰虚荣"的真相。

在你疯狂地用"情怀"来透支青春的过程中，请你不妨反问自己一下：你是真的对钱无所谓，还是觉得挣钱很难？你是真的对权力不屑一顾，还是不愿承认自己的无能为力？你是真的对生活无欲无求，还是有心无力？

3 |

　　为了凑热闹，看到别人都在朋友圈里晒某家西餐厅的牛排，你也按捺不住内心的"馋虫"，就满怀期待地去了。呈现在你面前的是看不到尽头的长队，可这根本就吓不倒你。

　　你饿着肚子在门口排了两个半小时，明明只是想好好地吃个晚饭，结果被"情怀"这东西所左右，硬生生地变成了夜宵。

　　到末了，你还不忘把一桌子特别难吃的菜、特别难看的餐具都竭尽所能地拍出文艺范，再发到朋友圈里，配文是：期待已久的美食，超好吃，赞爆了！

　　弱弱地问一下，这种"自欺欺人"的味道，应该也算得上是"江湖一绝"吧？

　　为了表现自己上进，你发过很多"要努力、要进步"的誓言，可回头看时，一句誓言就是一个巴掌。

　　关于变美，钱包里是不是放了好几张过期的健身卡？"要么瘦、要么死"的减肥计划是不是又无疾而终？

　　关于提升自己，"学好英语"的口号已经喊了两三年，如今的词汇量和口语水平能好过高三的自己吗？年初给自己定好"一个月读一本书"的计划，都过去十分之九年了，读完一本了吗？

　　另外，这个月又失眠了几回？胃痛了几次？焦虑了多少天？

你回头想想，正经事儿是不是一样都没做成，消消乐的游戏却通了不少关吧？

是的，你可以理直气壮地照旧生活，毕竟你每天都准时上下班，按月领工资，不迟到、不早退，梦的想的还稳妥地贴在墙上最显眼的地方……一切似乎都没什么毛病。

英语不好也没有影响到你跟团出国旅行，满屏的旅游照上照样会出现几个帅得一塌糊涂的外国人；韩剧看太多也没有影响到你的交际，甚至还使你成为了偶像话题的制造者和引领者；变胖了也不影响你胡吃海喝，毕竟这世界上总会有"更大一号"的外套。

变化的是，你越来越大龄，父母越来越年迈，你与同龄人的差距越来越大，你距离梦想也越来越远……

依你之见，这些变化是不是真的可以视而不见？是不是真的能用一句"岁月静好"或"平淡是真"就打消掉内心的焦虑和不安？

我不是刁难你，更不是否定你的生活方式，我只是替你感到惋惜——明明是那么有潜力的好姑娘，怎么就这样草率地放弃自己本可以拥有的一切？明明还有很长的一生要过，为什么就不相信自己能够变得更美丽、更有趣、更有钱呢？

别再惯着自己了，不是命运对你有偏见，而是你放弃得太早了。

你任由大把大把的青春无意义地消耗掉，就不怕你将来的孩子会失望地问你："妈妈，怎么你什么都不会？"

请记住，优哉游哉地活着，和懒惰是两回事儿！

若是没钱、没时间，关于这个世界，

你还是想看看、想转转，

我倒是有个法子——买个地球仪吧！

那么辛苦地变好看了，
可不能再丑回去

1

K姑娘是看韩剧长大的，喝了不少的爱情鸡汤。因此当大四的学长来追求她时，她没有任何顾虑就答应了。

室友告诫她："你要三思，学长一毕业就可能离开这座城市。"她假装没听见，继续趴在桌子上给学长写情书。室友见说服不了她，就问她："他长得也不帅，也不像个有前途的人，你喜欢他什么？"K姑娘答道："他和别人不一样，他是金牛座，对我特别温柔，给我的感觉也很踏实，关键是他还会写诗，超文艺的男生！"果不其然，学长一毕业就去了另一个城市，迎接他们的是辛苦的异地恋。

就在K姑娘在朋友圈里发完"愿得一人心，白首不相离"后的第三个月，学长就给他发来了分手短信，内容简单到带标点符号一起才八个字："要怪就怪异地吧。"然后将K姑娘拉黑了。

满心还在憧憬未来的K姑娘哪里受得了"分手"这种事儿，她连行李箱都没带，就买了机票飞到学长所在的城市，再转车来到了学长的公司。当时正值午饭时间，她聪明地在食堂门口"找"到了他，更准确地说，是他们——当时学长正牵着一位漂亮的女生。

三个人简单地交换了一下眼神，两个人惊讶，一个人尴尬。尴尬的是K姑娘。

K姑娘忍着眼泪、咬着嘴唇对学长说："你之前不是说怪异地吗？现在我来了。"学长一改从前的温柔脸色，竖着眉毛对她说："请你马上消失！"

在众目睽睽之下，学长带着那个女生"顺利突围"，留下她像个掉进陷阱里的受伤小鹿一样，在众人鄙夷的眼神中黯然倒地。

再醒来时，睁开眼看见的是一脸担心的妈妈，K姑娘"哇"的一声就哭了。从此后，K姑娘性情大变，她比以前吃得更多，宅得更厉害；白天没完没了地嚼着薯片、零食，晚上大口大口地灌可乐、雪碧。在短短十几天的时间里，K姑娘胖成了另一副模样——脸变宽了很多，像是嘴里含着水果糖；肚皮也开始鼓起来了，像是怀胎二十周。

和所有在失恋中康复的姑娘一样，K姑娘也是突然回过神来的。

她开始觉得自己傻，开始后悔当初的自暴自弃。她在朋友圈里写道："如果连自己都抛弃自己，那任谁也拯救不了你。"

然后，K姑娘开始了疯狂的减肥计划。在随后的十八个月时间里，她每天的早餐是芹菜胡萝卜榨汁，外加一个水煮鸡蛋。中午就两片鸡胸肉，其他全是蔬菜，主食就是一百五十克的糙米饭，没有晚餐，并且每天坚持运动两个半小时。

为了强迫自己严格执行减肥任务，她在朋友圈里还发了毒誓，按照她室友的说法是："K的人生狠心额度已经全被她用完了。"

后来有人问K姑娘："是哪一个瞬间让你意识到爱情其实并没有那么重要的？"

已经变得很瘦很美的K姑娘笑着说："当我一个人熬过了所有的苦，也就没有那么想和谁在一起了。"

是啊，在最艰难的时候，你更不应该给自己留后路。因为很多时候，让你不断往前走的并不是未来有多好，而是你已无路可退。

当有一天，你独自异地打拼，病了没人照顾，累了无人安慰的时候，当你独自在青春的战场上厮杀，觉得世界不公平，爱情不靠谱的时候，请你记住，命运从来都不会无故地为谁准备贵宾休息室，也没有什么私人专属通道，唯有靠你自己一天天地坚持下去，一步步地熬下来。

你得把自己打扮得美美的，化精致的妆容，穿得体的衣服，不允许身上出现一丁点儿的赘肉，也绝不接受别人的轻率的示爱。

你不妥协于每一份渴望，也不卑微于每一次邂逅，更不会容忍自己找妥协、退让的借口。

亲爱的姑娘，这世上真的没有什么摇身一变，更没有什么能拯救你的人，有的只是你看不到的浸润着心血和汗水的低调努力。可我却真真儿地觉得，你只有低调，没有努力！

2

美娅是我认识的最幸福的女人，她一边打理着有三十几号人的公司，另一头还经营着一个温馨和睦的家庭。

有人羡慕她的天赋，认为她生来就有一副好身材、好脸蛋、好头脑；还有人嫉妒她的家庭，说她幸运得可以拼爹、拼老公、拼婆婆。但事实上，她拼的是近乎残忍的自律：在别人早上赖床睡懒觉的时候，她早早地起来为全家人做好了一桌子营养全面的早餐；在别人蜷缩在沙发上看肥皂剧的时候，她把自己吊起来翻滚着练习身体的柔韧性；在别人吃自助餐为了能回本而胡吃海喝的时候，她从毕业之后就几乎没有吃饱过饭。

我问她："婚也结了，事业也有了，你为什么还这么拼？难道你不知道，吃饱的感觉特别好吗？"

她笑着说："吃饱的感觉是很好，但变胖变丑的感觉不好啊！我那么辛苦地变好看，可不能随随便便地丑回去！"

你看，心无旁骛地自律，不遗余力地保养，从不找理由来对自己撒谎，也不纵容自己成为岁月的帮凶，这样的姑娘，不仅躲开了岁月挥舞过来的杀猪刀，而且还成为了命运的宠儿。

以前听人说："看一个人的身材，就大概知道他的修养和实力。"最初总觉得这话太武断，但如今细想一下，真是这么回事儿。如果你连身材都管不了，那你慢慢走形的腰和日渐衰败的脸会让你的实力大打折扣，这样的你，恐怕连表现优秀内在的机会都没有！

谁的自律都辛苦，谁的努力都不易，能否变美的区别在于，有人在略感疲惫之后就放弃了，有人在崩溃之后坚持下来了。

王子和公主在一起了，大家只会羡慕，然后祝福，因为他们门当户对，郎才女貌；可如果王子爱上了灰姑娘，就会有无数的甲乙丙丁嫉妒，会在心里嘀咕"她凭什么"和"我为什么没她那样的好运气"。这些甲乙丙丁只是看到了灰姑娘卑微的出身，却忽视了她首先拥有了无人能比的天生丽质，以及无人能敌的后天努力，其次才是好运气、好机缘。

而你呢？活得邋里邋遢，胖得无边无际，哪路神仙愿意来帮你？

不要等到衣服不得不选最大号的时候，才下得了狠心去减肥；不要等到脸被痘痘占领了，才想起健康饮食。你的坏习惯、臭毛病攒得越多，修正的过程自然就会伤筋动骨，惨绝人寰！

其实，你只需要在平时改变一点点，注意一点点，变成更好的自己根本就不会太费力！比如把每天习惯性的油炸食品换成全麦面包，比如在想吃麻辣香锅的时候，自己熬一锅小米粥……

那些没有人爱的姑娘，你多少得有点危机感啊！你不美美地活，怎么敢放心地老去？那么胖，那么丑，你怎么还能好意思胡吃海喝呢？变成名副其实的"土肥圆"，难道你真会觉得自己很萌吗？

3

常听见有人抱怨，说女明星谈到保养秘籍时，都特别虚伪，特别不诚实，总是强调什么"好好吃饭、好好喝水、好好睡觉、多吃蔬菜瓜果、多运动"这类不咸不淡、没营养的废话。

可一旦你自己，或者你身边的人经过努力变得又瘦又美又健康的时候，你就会发现，这些千篇一律的、听起来没营养的废话，竟都是人间至理，是你在苦苦寻找的美丽秘籍！

而你自己，就是那个手握秘籍却还在花花世界里翻箱倒柜、四处寻找的笨蛋！

谁能说"好好吃饭、好好喝水、好好睡觉、多吃蔬菜瓜果、多运动"这些事情你不会做？

是的，谁都会。可大多数人都坚持不了，而大多数人坚持不了的事情，正是少数人能成功的原因。

看着别人在职场上如有神助，在生活中如鱼得水，你嘴里骂着"狐狸精"，心里却是无比的羡慕。于是，头顶鸡窝一样乱糟糟的油腻头发，用力地瞪着满是血丝的眼睛，"坚韧"地扛到下半夜，只为在网店里找到"狐狸精"正在使用的那款精华肌底液。

看着别人在群里晒美美的旅游照，在微博上有一呼百应的粉丝，你满脸不屑地嘀咕着"真虚伪"，心里却是满满的嫉妒。于是，你把自己从沙发上、床上"搬"起来，咬牙切齿地学着别人的样子做了一段还不到八分钟的健身操。

你呀，分明早就明白了保养肌肤、锻炼身体、提升内在的各类"秘籍"和必要性，看看你微博里面的收藏和转载，微信朋友圈里发布的誓言，以及电脑桌前面贴着的计划表就知道了。

可是，你有的永远是"临渊羡鱼"的本能，却从来没有"退而结网"的努力。

别人在吃着黄瓜片、喝着芹菜汁，你在大口吃肉，大口喝酒，那结果必然是她瘦得匀称，你肥得流油。

　　别人在清晨、在日暮时，坚持在跑道上挥汗如雨，你是同样的时间在打鼾，那结果必然是她生气勃勃，你委靡不振。

　　别人在出门前、回家后，把衣服鞋子都打理得整齐利索，你一年四季都是蓝不蓝、灰不灰的牛仔裤，外加一件带着动物图案的加大号运动衫，那结果必然是她让人印象深刻，你总是被人忽略。

　　所有看起来云淡风轻的美好，都是基于持之以恒的苦修。

　　别人天生就比你身材好，比你五官更端庄，比你家境更殷实，但这些都是羡慕不来的，老天也不会因为你嫉妒了、羡慕了，就挑个好日子开个表彰大会赠予你，不会的。唯有你采取了切实的行动，并且坚持下来了，你才会在下个月、下半年的某一天醒来时，因为瘦了一圈，因为脸色红润了一些，而拥有多一分的自信和魅力！

　　关键的是，变好看是一件容易上瘾的事情。一旦你漂亮过，你就会自觉地变得更律己，你就会有更强的意愿去照顾好自己的身材、皮肤和牙齿。

　　想必你也知道，没有哪个男神能对一脸的痘印、满口的黄牙下得去嘴的！

别把没人要，当作没遇到

1|

朋友 Wendy 要嫁人了，她告诉我这个消息的时候，我特意去翻了一下她的朋友圈，以确认是我熟悉的那个 Wendy。直到我在朋友圈里看见她一脸的温柔，旁边是一张男神的脸，我这才意识到，那个曾经为爱情痛不欲生的姑娘，真的要嫁人了，而且嫁的是男神。

Wendy 之前没谈过恋爱，但她追过许多男生，从高中到大学，再到后来开始工作，被 Wendy 暗恋过的男生很多，并且都是众人眼中的"男神"，但似乎没有谁正眼看过她一眼，这让她很受伤。

她曾在朋友圈里自嘲："原来所谓的男神，就是看一眼就知道这辈子跟我半毛钱关系都不可能有的人。"结果，一个她曾暗恋过的男神留言道："长得丑也就算了，好在你还有一些自知之明。"本来只是一句调侃的话，却激怒了Wendy，她发了有生以来最大的一次火——径直冲到了那个男生的宿舍楼前，叉着腰，像个泼妇一样足足骂了两个半小时。

在"女追男"的感情赛马场上，跟头摔得漂亮些还能被人说成是"凄美"，摔得不漂亮的只能形容为"狗啃泥"。

然而，在一年之后的订婚宴上，当Wendy挽着未婚夫闪亮登场时，所有人都惊呆了：男生帅气得一塌糊涂，惹得现场女生疯狂尖叫，而她——那个"永远都穿着一件肥大的牛仔裤，外加大号的T恤、爆款的运动鞋"的胖丫头，已然变身为端庄优雅的女神。

轮到Wendy发言时，她满眼噙着泪对未婚夫说："有很长一段时间，我对命运心存偏见。不论是工作还是感情，我都像一个笑话。直到我遇见了你——优秀得让我流口水的你，我才意识到，要想站在你身边，光靠抱怨、祈求是没用的，我得拼啊，是那种每往优秀的方向迈一步，就掉一层皮的那种拼。事实证明我是对的，只有努力变得优秀了，我才有资格站在你身边。只有这样，不论你是腰缠万贯，是名门望族，还是玉树临风，是学富五车，我都可以坦然地拥抱你，而不是眼睁睁地看着你挽着别人的手臂走远，又或者施舍给我一个残忍的'谢谢'。"

都说姑娘要嫁对人，所谓"对"，其实是指节奏合拍，努力同步，实力相当，而不是等着命运来同情你，然后不劳而获！

谈过恋爱的姑娘都应该明白，爱情有一双"势利眼"。

你要求你喜欢的人有钱、有才、有貌、身材棒，而且还死心塌地的爱你，那你是不是也应该考虑一下，如何让自己也身材好、形象好、能力强、经济独立？

你想要遇见一个说话幽默、做事利索、待人大方、为人正直，而且还愿意一生一世守护你的人，那你是不是应该也试着修炼一下自己，让自己外有气质，内有涵养，既上得了厅堂，也下得了厨房？

试问一下，如果你总是一副乏善可陈的样子，男神凭什么要对你情有独钟？

大多数姑娘在感情里产生的失落感，往往是因为她自己没成为更好的自己，却奢求着别人是更好的别人。

连一篇文章都看不下去，一本书都看不完的你，凭什么天天说要改变自己，改变人生？

说了一千一万次减肥瘦身美容，可嘴巴管不住，腿也迈不开，等到健身房的 VIP 卡到期了，才悔不当初，可那有什么用？

年纪轻轻的时候，不切实际的幻想和懒散的活法会一点一点地消耗你。等到把青春浪费得一干二净的时候，再满心抱怨和不解地问天问地："明明当初只是一念之差，生活怎么能给我这样难堪的答案？"

我唯一想提醒你的是：别把没人要，当作没遇到！

2

　　C 姑娘又在朋友圈里发飙了，说谁谁是狐狸精，勾走了她的男神；说那个女生是走后门，抢走了本属于她的升职机会。不一会儿，群里就有人开始爆料了。原来是 C 姑娘暗恋已久的男生被一位仙气飘飘的女生"抢"走了，而且这姑娘还有可能升职为她的顶头上司。

　　有人在群里同时晒了 C 姑娘和"仙女"的照片，照片上的 C 姑娘穿着家居服，正在堆满了空盘子的餐桌面前，嘴里塞满了食物，摆出一个剪刀手的姿势，而仙女则是站在花店门口，长裙飘飘，手里拿着一枝兰花。

　　印象中的 C 姑娘特别爱发飙，而原因大体可以总结为三大条：她喜欢的男生，月老没有给她；她期待的工作，领导没有给她；她想要的生活，命运没有给她。

　　可是我想说的是，你嘴里说自己能上天入地，无所不能，实际上连昂首挺胸、让人信任都做不到。每天找无数的理由推卸责任、怨声载道的你，又凭什么要求领导给你升职加薪机会？你心里认为爱一个人可以爱到赴汤蹈火，实际上连"放下筷子管住嘴"都做不到，每天提着"游泳圈"、挂着"大象腿"的你，凭什么要求男神对你动心呢？

毕竟，男神要的是让他小鹿乱撞、蠢蠢欲动的恋人，不是身强体壮、虎背熊腰的女汉子。

退一万步讲，就算你的男神和你在一起了，还很专一，那你想过没有，你的"矮胖丑"和他的"高富帅"能得到众人的祝福吗？

其实，爱情本质上就是一场公平的交易，要么是你有钱财权力，要么你有美貌魅力，要么你有气质内涵，你总得给出一个差不多的筹码，才能保持爱情的平衡。所以我的建议是，在对男生满心期待的时候，也要掂量一下自己有几斤几两。

电视剧《欢乐颂》里也有"女追男"的经典桥段，足以成为普通姑娘的"追男典范"。作为一个平凡女生，她爱上了众姑娘们的男神，可这女生却知道自己和男神之间的差距。她没有每天对他奉上廉价的微笑，没有赠予他煞费苦心制作的卡片，而是每次见面之前都让自己精神抖擞、干净利落，然后在空余时间努力提升自己。她努力让自己的形象配得上男神，让自己的学识跟得上男神。因为她明白，旗鼓相当才有资格出双入对！

在我们身边，总能听见一些单身的姑娘在嘀咕，说老天没有赐予自己好面孔、好身材，说命运没有给予自己好缘分，而实际上，你一到周末就喊累，在家宅到发霉；朋友一聚会你就嫌烦，宁愿在逛网店上浪费时间；上班的时候开小差，想着下班了怎么逛街，如何锻炼，可下了班就窝在沙发上嚼着薯片看电视剧，然后拿着少得可怜的工资，想着去哪里淘到折扣最低的面膜……

你天天嚷嚷着要瘦成一道闪电，却餐餐都在胡吃海喝；你天天抱怨没什么朋友，却又习惯性地把自己锁在手机屏幕上。

如果我没猜错的话，你长这么大，能够每天坚持的事情，大概就只有给手机充电了吧。

这样的你，命运其实早就为你准备好了结局，无非是，你没什么拿得出手的本事，没什么说得出口的成就，没有社交和恋人，有的只是日渐丰满的肚腩，以及日渐衰落的梦想。然后孤独地、落寞地在合租房的电脑前面乱晃鼠标。

3

张小娴曾说，爱一个人的时候，他如果不爱你，那就应该把这份爱默默地藏在心底，然后留着所有的力气变优秀，变美好，而不是一厢情愿地头破血流、肝脑涂地，硬要对方知道你的爱，感动你的苦，体会你的伟大。

其实，单方面地要求别人爱自己，或者单方面地付出爱都是没有意义的，那些不管不顾、一门心思地对别人好，说什么"我的爱不用你管"的人，其实给出的根本就不是爱，而是撒野，是赤裸裸的骚扰。

姑娘，在男神还没开眼的时候，你要做的是咬着牙、流着汗地改变自己，让自己变成一个沉默而高尚，好看又耐看的人。

人最强大的武器是什么？是豁出去改变自己的决心！

在改变发生之前，你可以对自己说："等我变好看了再去喜欢他吧"；在改变发生之后，你就可以理直气壮地对他说："真是好笑，我这么好看，干吗还要喜欢你！"

姑娘，你早就过了可以靠幻想过日子的年纪，所以别再期盼有哪位骑马的王子，会在众人羡慕的眼神中带你离开，到一个富饶而和平的国度，过公主般无忧无虑的生活。你要明白，那些遇见完美爱情的姑娘，靠的不是魔法，也不是好运气，而是她们足够优秀。

如果你没流过一滴汗，就想要马甲线，没投过一份简历，就想要长期饭票，那么就算你有幸遇见了翩翩公子，你也没有底气让他爱你一辈子。

所以，请趁早摆正你那四十五度角仰望天空的脸，仅凭仰望是不可能看到幸福的；请趁早闭上你那喋喋不休、满是怨念的嘴巴，真感情不是讨价还价就能占到便宜；请趁早止住你那一文不值的眼泪，然后，像个男人一样去奋斗，像个公主一样去自尊自爱。唯有这样，你爱的人才会有更多的理由来爱你。

你一无是处的时候，别急着感慨遇人不淑，更不要指望能坐享其成，任何一种寄生虫似的爱恋，从一开始就没有胜算的可能。唯有自给自足才能让你真正的安心，只有建立在严格自律基础上的气质魅力才能让你打消对命运的偏见。

这样的你，不管白天和同事吵得有多凶，不管深夜里哭得有可怜，但只要是"出战"就必须精神抖擞，只要"出席"就必须容光焕发，哪怕是假装出来的若无其事，也犹如挥着锋利无比的武器——进，可以攻城略地；退，可以孤芳自赏。

电视剧里，那些又傻又呆、经常犯二的姑娘似乎总能得到命运的垂青，比如迟到了总能遇见外冷内暖的霸道总裁，被雨浇成落汤鸡总能遇见善解人意的大暖男，错过了末班车就能看见在车站里神伤的"高富帅"，以至于无数追剧的女生们错误地以为：我像她一样天真孩子气，像她一样蓬头垢面，像她一样懒惰死脑筋，那我也一定能撞见优质的男神。

我只能说，下雨天不打伞和脑袋进水是绝配哦！

早知人间如此艰难，
当初就不该下凡

1 |

仙女应该是什么样子？我脑海里首先跳出来的是佳佳。

在银行上班的佳佳绝对是女神范儿：温文尔雅不失调皮活泼，明媚爽朗却不低俗乏味；抹上口红，蹬上高跟鞋，就是魅力四射的时尚达人；挎上帆布包，换上长裙，就是长发飘飘的文艺女郎；安静的时候就像阳台上的盆栽，弹起吉他时像极了知性女郎。

佳佳的美，是三百六十五度无死角，是三百六十五天漂亮养眼，是二十四小时美丽动人！

我问佳佳："天天这么美，不累吗？"佳佳认真地回答说："累啊，累得要命！可是比起难看，我甘愿累啊！"

我知道她为何甘愿。三年前，佳佳被男朋友甩了，就是因为她胖，还不修边幅。那时候她刚刚进入银行，因为工作压力大，佳佳变得暴饮暴食起来，直到变成一个大腹便便的女胖子。

然而，通过满足胃的方式来安抚情绪的做法对工作并没有太明显的帮助，反倒是体重呈直线上涨。直到被男朋友抛弃了，佳佳才觉悟过来："胖子是没有未来的"。

为了瘦下来，她在随后的两年时间里，每天只吃一顿主食；为了防止肌肉松弛，她工作再忙也会抽空去健身锻炼；为了保持皮肤的质感，她变得慷慨起来——舍得为优质的护肤品埋单。她用旁人无法理解的狠劲和旁人无法坚持的辛苦终于让自己瘦下来了。

再提起当年，佳佳莞尔一笑："这世界对胖子其实挺无情的，就算你再怎么爱他，也顶多只能换来一个感谢的眼神，但绝不会是爱意。我后来想，顶着一身的赘肉招摇过市，总是免不了被人另眼相看的。毕竟我一个抵得上别人两个，谁不多瞅几眼。

你看，减肥成功的人，减掉的可不只是她那一身的肥肉，同时减掉的还有以前的自卑和曾经遭受过的白眼；美化的也不仅仅是自己的容颜和身材，还有发自内心的豁达。

那么你呢？你是不是也曾想过要做苗条精致的姑娘，每天踩着七八厘米的高跟鞋出门，睫毛画得很迷人，见到谁都可以优雅大方地点头致意。

可实际上呢，你吃火锅的时候不小心沾污了那套精美的连衣裙，就气急败坏地爆粗口；看到美食店门口诱人的招牌菜，就淌着口水、情不自禁地冲了进去，然后在大快朵颐之后懊恼不已，再重复着上次、上上次说过的那句"下次一定要控制住"。

你是不是也曾一时兴起要扮靓自己，可才穿了几天高跟鞋，就发现痛苦难当，于是向舒适妥协，然后"潇洒"地踢掉高跟鞋，换回了之前的旅游鞋；你是不是也曾信誓旦旦地说要护理肌肤，可发现"抽时间好难、花费高舍不得"，于是就向时间和钱包妥协，然后放弃了原计划的半小时盐浴、牛奶浴，只潦草地冲了一个温水澡。

面对这样的自己，你多少有点失望，但也恨不起来。只好安慰自己一句："做到面面俱到的精致太难了，不如任性地过生活。"

这样的你，凭什么说"锻炼了也看不见效果"？凭什么说"人间真是好艰难"？你要多想想，自己付出了什么？

要我说，根本就没有减不下去的肥肉，只有坚持不下去的决心；根本就没有瘦不下去的人，只有光说不练的你自己！

生活从来不会无缘由地刻薄或厚待谁，一切都基于你的努力。对女孩子来说，颜值就是你前半生努力或者懒惰的小结，是一份关于魅力的

考试结果，及不及格，事关人生成败！

当你变得又瘦又好看，钱包里装的都是你自己的钱，你就不会再急躁生气，不会再害怕焦虑，不会再抱怨诉苦，你在成长中所有必须经历的苦痛、悲欢和情感，都会变得静悄悄。

这样的你，就算梦想还在无法触及的远方，也能漂亮地、勇敢地奔赴；就算你的偏执无人欣赏，你的骄傲无人能懂，也能拥有能随时放手、重新再来的底气。

你要相信，一个能控制住自己体重的人，往往也能掌管好自己的生活和感情，也知道如何去享受生活美好的一面，也一定能看到更远、更广阔的未来。

如果你选择了猪八戒的生活方式，就别指望拥有孙悟空的身材。

2

在一个大学生论坛上，有人问主持人："从小到大，那些长得好看的姑娘总是一路绿灯，她比别人更容易当上班干部，更容易讨得老师和同学的欢心，就连隔壁班的家长都知道她的名字。我想问一下，什么样才叫好看呢？"

嘉宾调皮地回答道："有一张自我感觉良好的脸，就很好看。"他解释道："就是很自信，没有怨气，没有失落，每天都收拾得漂漂亮亮的，像是出了家门口，就要上台领奖那样。"

仔细一想，真是这样的。那些真正好看的人都有一张"看起来没受气"的脸，不论是高冷范儿，还是温柔女神范儿，她对这个世界没有戾气，她足够自立，她不需要费力讨好别人，别人也愿意多给她一些时间和机会。

试想一下，同样是去花店买花，你是愿意去一家门店装修得文艺，店主也很女神的花店，还是去一家杂乱无序，店主是一脸凶相的花店？同样是去问路，你是愿意问一个平易近人的姑娘，还是问一个愁眉苦脸的姑娘？同样是一个机会，你是愿意给一个积极乐观的姑娘，还是愿意给一个杞人忧天的姑娘？

心态积极的姑娘不愿意使坏心眼儿，她不会计较和闺蜜自拍的时候没有站在那个最好的角度，也不会计较非得要用不合身的长裙子遮住略粗的大腿，更不会逢人就噘嘴撒娇嚷嚷着要减肥要瘦，而是表现出信心满满的姿态，干净利落地出现在人群中，然后底气十足地对每个人点头示意。

这样的姑娘，既有着美妙的过去，也有着迷人的现在，并且让人深信她一定会有更美好的未来。那么谁会在乎她脸上有一个斑点，谁又在乎她的腰再细一点儿会更好？

一个姑娘的外在气质就是她生活品质、工作能力、感情状态的叠加。一丝一毫的不顺利，一点一滴的怨念，一次两次的犹疑自卑，一回两回的挫折失利，都会映射在脸上。

如果你没了自信，那你的自卑就会磨损你；如果你没有好心态，那么你的抱怨就会消耗你。如果你觉得全世界都在为难你，如果你觉得命运仅仅只对你一个人不公平，那么，无论你有何等优越的天生美貌，都会慢慢变丑。

退一万步说，就算你最终失败了、失恋了，但只要你还是美美的，一切就都能赢回来！

不管这一天你过得有多衰，不管这一天你经历了怎样的糗事，如果在上床睡觉之前，你能认真地卸妆，耐心地敷面膜，再细致地洗脸、泡澡、吹干头发，最后再美美地钻进被窝里，那么你的床就会变成一个超酷的时光机，"嗖"的一下，把你送到一个焕然一新的早上。

3

很多女孩子的生活常态是：兢兢业业地护肤，然后孜孜不倦地熬夜。

她们常常被教导"要注重内在美"，常常被提醒"过分注重外在的人很肤浅"，也常常被梦想怂恿，被生活逼迫。于是，在年纪轻轻的时候，她们就一门心思地将全部精力用在学习、工作上，以为学会了十八般武艺之后，就能万事如意。

然后，她们将精力耗光在电脑桌上，把青春圈养在浩瀚无边的书堆里，再拖着臃肿病态的身体和粗糙邋遢的外表全身心地追逐真善美，并以为这才是内涵的本质。

可最后发现，自己赚再多的钱，升到再高的职位，也挽救不了身体的肥胖、吃相的失态，以及弯腰和驼背。

需要特别提醒一下，虽说这确实是一个看脸的世界，但绝不仅仅是看脸。它也会看你的内涵和气质。它会看你的脸和身材是不是与你的生活、性格、收入，甚至走路的姿势、说话的语速和谐地融合在一起，是不是能让人舒服，让自己愉快。

所以我的建议是，不要连基础生活都没能力过好，就打着"个性的名义"去追求什么想走就走的旅行，想花就花的消费。实际却是：怕粘上油烟，所以不愿下厨，然后吃无味的外卖；害怕独处，所以混在不相干的聚会中，又害怕热闹，然后被迫孤独。

真正长得好看的姑娘，都是自带冷空气的，那你的背后，为何总是烟熏火燎？实际上，青春岁月确实可以燃烧得再充分一些，但绝不能借着"无知无畏无所谓"的名义弄得狼烟四起。

在洒满阳光的街道上，你羡慕那些优雅前行的女白领，而自己却蓬头垢面，狼狈不堪；在高级的宴会上，你听着别人说很漂亮的客套话，而自己逢人就支支吾吾，甚至都不知如何自处；在朋友的聚会上，你嫉妒那些能礼貌周全地跟陌生人问好的人，而自己却只能用玩手机的方式来掩饰尴尬……

你想要魅力，你想要有品质的生活，就得付出和卖命工作一样的努力来保养自己，来升华自己。否则，你就只能继续自卑和等着被轻视。

活得漂亮既包括对自身外表的高要求，同时还需要你用活得精致的态度来对待你的生活。比如出门前认真地把头发打理一下，比如洗澡后把肌肤养护得细腻柔软，比如化妆时把睫毛刷得根根分明……

你会慢慢发现，你的心情会随着这些细致的小举动莫名地畅快起来，你的腰会挺得更直，你对生活也会多出一些好感来。

要我说，你真应该好好珍惜你身边每一个敢对你说真话的人，毕竟不是每个人都敢告诉你，你长得有多丑，穿得有多土！

你并没有多辛苦，
只是比别人更矫情

1

安小姐是我的大学同学。她是唯一一个全程都坐在树荫下结束军训的同学，也是体育课八百米项目唯一一个不及格的女生。

你可千万不要以为她身体有什么问题，她很健康，还是校篮球拉拉队的队长，每次比赛她都挤在人群最前面，是嗓门最尖的那个。

安小姐的形象气质俱佳，性格也很外向，是那种能把场面话说得很漂亮，把场面事做得很到位的女孩。

刚毕业时，她们寝室四个女生一起去一家外企面试，凭借着那张漂亮的脸蛋和出色的口才，她是唯一被留下来的。但是，对于这个让室友们眼红不已的好机会，她只保留了二十七天就辞掉了。

她给出的理由是："一个星期只能休息一天，还隔三差五地加夜班，加班也罢了，做出来的文案还得被没眼光的主管一遍接着一遍地否定，这工作谁受得了！"

后来，安小姐又换了三四次工作。但她似乎陷入了一个怪圈：去之前，她对工作的满意度高达一百零一分；但仅仅过了小半年，她就恨不得给负分。然后辞职、找新工作，接着抱怨，再辞职……

前几天，她毕业之后的第七份工作在试用期内就终结了，这一次，她是被辞掉的。

人事经理给出的理由是："形象出众，但工作能力和工作态度大有问题。"

她把人事经理说的内容和说话时的表情向我学了一遍，然后满脸委屈地说："老杨，为什么那些稍微好看一点的姑娘，毕业两三年之后都爱情事业双丰收，我觉得我也不差啊，而且我还挺努力的，怎么连一份稳定的工作都没法保住？"

我回答说："长得好看是优势，但好看只能锦上添花，工作能力才是公司最看重的。如果你没有能力做底子，又没有展现出努力学习的态度，再好看都显得苍白无力。"

不论是情场，还是职场，你不能解决问题，你就会成为问题。

碰到一点儿工作压力，你就摆出一副不堪重负的样子——"我已经用尽洪荒之力了，好累啊！""压力山大，求安慰。"

碰到一点儿感情上的不确定就把明天描绘得暗淡无光——"他不会是不爱我了吧？""失去他我可怎么办？"

碰到一点儿生活上的不开心就把这段时光当作这辈子最黑暗的日子——"一个人吃饭，好可怜啊！""神啊，救救我吧！"

这么一点儿事就说难、喊累，就大言不惭地说"我不会"，就悲悲戚戚地说"我好可怜"，但是那么难拧开的黄桃罐头盖，你咬咬牙怎么就搞定了呢？

明明下定了决心要考研考博，后来上了半个月的补习班，熬了三天夜，就觉得自己已经拼了。然后自我安慰道："我再拼怕也就这样了，考不上研也没什么吧。"然后，考研梦就放弃了。

明明原本计划要去欧洲留学深造，后来背了三页单词，读了五篇阅读，就认为自己已经竭尽全力了，然后对自己说："那些留在国内的同学不也混得挺好嘛，再说了，好几个出国的最后都回国了。"然后，留学梦就搁浅了。

明明在暗夜里发过誓："我要好好努力，多多挣钱，为了自己能出人头地，为了父母能过得幸福"。可技能培训班哪有郭德纲的相声有意思，网络教程哪有 Papi 酱的段子精彩。然后，发财梦就只能梦梦而已。

你看，你为不想改变、不想努力找了一堆多棒的借口，你为耐心不够、能力不足准备了一堆多漂亮的理由。就这样，那个曾什么都想要、什么都敢要的热血姑娘，就一点点被你自己否定，变得清汤寡水。

然后，你的梦想之花开始渐渐枯萎，你的青春也随之下了架。

我担心的是，你太容易被自己说服了，以至于耗了三年五载，除了变得更会花钱外，毫无长进，最后从一个懵懂无知、敏感脆弱的天真少女，慢慢变成了一个懵懂无知、敏感脆弱的中年妇女。

懒惰、妥协实际上是低迷、不安，或者倒过来。

2 |

半个月前，因为工作的原因，我和女同事一起去拜访了卢姐。

卢姐是圈子里著名的出版人，除了管理自己的出版公司，她还保持每个月十五万字的速度进行创作。简单来说，她特别忙！

正事大约半个小时就聊完了，卢姐却没有结束这场会面的意思。她饶有兴致地带我们参观了她的公司，后来又细致地描述她对公司的未来规划，以及她每天的生活。

听得出来，她很有野心。

临走之前，我问卢姐："每个月创作十五万字已经够惊人的了，还得照顾家庭、公司，还有很多像我们这样的拜访者，你不累吗？"

卢姐说："我早就习惯了，习惯了就不累了。"

卢姐刚一说完，我发现一直默不作声的女同事偷偷地抿嘴笑了。出了门，我问她笑什么？女同事说："嘴硬的姑娘，都很欠吻！"

原来，卢姐不仅很忙，而且超级累，只是她嘴硬不承认罢了。卢姐的老公是个德国人，是某汽车品牌的地区经理。卢姐本可以做个悠闲的全职太太，她却不甘心过那样的生活，便自己投资了现在的公司。为了给孩子更好的照顾，她亲自负责两个孩子的起居；为了保证创作的进度，她每天只有三个半小时的睡眠时间……她的家人曾劝她放弃公司，她不肯。为了证明自己可以，她从不对外展示她的疲惫、困难，甚至连一点点不好的情绪都自己扛着。

我白了同事一眼，说："把发牢骚、闹情绪的时间花在更加充分的准备上，为证明自己而兀自努力，这哪是嘴硬？明明就是'不矫情'！"

矫情被很多女生拿来对抗现实。比如灯泡坏了非得等男友来帮着换，一个人吃饭时非得来几句"凄楚独白"，甚至连家里缺一枚钉子都能发出"活着真难"的感慨！

感慨了一番，神伤了几分钟，之后你却发现这些事还是得自己来。于是，柔弱的灵魂一天天强硬了起来。

很多女汉子，都是小公主变的。毕竟，仅凭卖萌撒娇，你是搞不定

这个世界的。

　　很多时候，是因为你太矫情了，所以才会把一些小事无限放大、夸张。比如你介意一个人吃饭，那么一个人吃饭就一定会让你觉得难受；比如你介意孤独，那么孤独就会令你难过。

　　其实也只不过就是暂时一个人面对生活而已，但偏偏就是因为矫情，让一些小事显得"过分隆重"。

　　还有很多时候，是因为你内心太苍白无力，所以才会拿一些情绪来装点自己。比如把无所事事当作电视剧女主角的浪漫，把优柔寡断当作艺术家的气质，把无聊透顶当作哲人的超然物外。

　　其实，你不过是想用一些似是而非的伤感、没有缘由的忧郁来掩饰自己对改变现状的无能为力。

　　要我说，你只是太年轻了，所以自以为聪明，觉得遇人遇事一点就通，然后一通百通；其实，到了一定的年纪你就会明白，这是心智不全的表现，错把平日的闲得要死，当成了七窍玲珑。

　　我的建议是，不妨先做出点成绩来，然后再去强调你的感受。否则，你再多的埋天怨地，怎么看都像是矫情。

3

孤独、空虚、乏味，没爱、没恨，也没心情……说的是你现在的生活状态吧？

结婚太早，恋爱有些晚；跟小孩一起玩觉得没意思，跟大人在一起又没共同话题……说的是你的尴尬吧？

你像智者一样安慰那些伤心人，又像傻子一样折磨着自己；你频繁地更新朋友圈或微博动态，经常性地假装开心和无聊，然后又间歇性地狂删东西。你的心情是一会儿晴空万里，一会儿又乌云密布；你的心态是一会儿大彻大悟、无欲无求，一会儿是百感交集，愁绪万千。

你为自己辩解，说这"只是情绪化"，在我看来，这更像是"矫情癌的临床表现"。

对矫情癌而言，生活最沉重的负担绝对不是工作，而是无聊。

因为无聊，你会去假想一些虚妄的需求："马上就毕业了怎么办？""马上就老了怎么办""今天怎么办？明天又怎么办？"于是，身体不歇，脑子不顿。

因为无聊，你会担忧恋人的爱情真不真、心诚不诚，又或者思念、懊悔错过的那些人。"他在干什么？""和谁？""他现在过得好吗？""如果还在一起会怎样？"于是，嘴在逞强，泪在打转。

要我说，想忘却忘不掉的原因还是因为你太闲了。如果你每天工作17个小时，每个月的计划表都安排得满满的，估计你连亲妈都能忘掉，何况一个外人？

残忍的事实是，你在闷闷不乐的时候，这花花世界正彻夜狂欢；你在自怨自艾的时候，你厌恶的人在大把大把地赚钱、大口大口地吃香喝辣；你在心灰意冷的时候，你的前任正一心一意地找着新欢；你在缅怀旧人的时候，你错过的每一个人都没空想你！

坊间流传的一句话："忙是治疗一切神经病的良药"。深以为然。

一旦忙起来，你就没空悲天悯人，没闲心去大谈八卦，更不会犯花痴、假文艺。全神贯注的脸上找不到一丝一毫的消极情绪和疲惫，看上去只有隐隐约约一个"滚"字。

不属于你的圈子，就不要硬挤了

1|

海螺姑娘向我吐槽，说所谓的成功人士都有一张冷漠而且虚伪的嘴脸。

原来是这样的。前阵子，海螺姑娘参加了一个职业女经理人组织的论坛活动，活动现场有几个很厉害的女强人撑场，因此也吸引了大批"有志女青年"参加。

刚到现场的海螺姑娘很兴奋，她一边用崇拜的耳朵去听演讲，一边又用崇拜的眼光去寻找与大人物交流的机会。在汹涌的人群里，海螺姑娘被挤得快变形了，可一心想着要结识几个大人物的她也不管这些了。于是她使出吃奶的劲儿往讲台前面挤，等到提问环节，她就蹦起来抢着举手。

如她所愿，海螺姑娘幸运地引起了一个女强人的关注——她当着所有人的面将个子很小、跳得很高的海螺姑娘牵到台上。女强人对着所有人说："我就喜欢这种活泼、上进的姑娘，我年轻时也有这股子野性。"然后，这位女强人将自己的名片递给了海螺姑娘，并且对海螺姑娘说："现在我们是姐妹了，以后遇见了什么问题，可以直接给我打电话。"在众人羡慕的眼神里，海螺姑娘如同中了头彩的幸运儿，高兴得都快飘起来了。

然而，活动结束之后的女强人却俨然变成了另外一个人，不论海螺姑娘发短信、打电话，还是发邮件，她从来都没有回复过，更别说做朋友、做姐妹了。

海螺姑娘对我抱怨说："我还曾拿着她的电话号码和合影向同学炫耀过，没想到她那么虚伪。你说，这种人是不是根本就瞧不起我？给我名片不过就是逢场作戏吧？"

我回答道："不管她是怎样的人，一旦你觉得她瞧不起你，那原因恐怕有且仅有两个，要么是你与她之间的地位差距太大了，要么是你没有和她做朋友的筹码。"

在功利的社会里，友情层面的往来，有时候比谈婚论嫁更强调门当户对！

人们常说，在家靠父母，出门靠朋友。于是很多人都做着"出门遇贵人"的美梦。

可是，如果你只是一个微不足道的黄毛丫头，就算你有时间去看韩国欧巴的演唱会，有空去杨澜的新书签售会，有幸去参加姚明的慈善晚会，那又能怎样呢？你想和韩国欧巴合影还是会被保安拦住，你想要换个工作杨澜也不会给你做推荐人，你去上海姚明也不会邀你共进晚餐。

证明你人脉的，不是你朋友圈里有多少个名流贵胄的合影，而是你遇到困难时有多少人愿意帮你；决定你朋友圈档次的，不是你见过多么厉害的大人物，而是你自己有多么厉害。

也就是说，人脉不在别人身上，而藏在自己身上，唯有你变得厉害了，你才可能拥有厉害的朋友。

我的建议是，别错把"认识"等同于"认可"，更不要将人生的转折点寄希望于通讯录，再多的牛人名片也换不来一个面试机会，打再多的照面也不能赢得一个真心朋友。

就算你看起来是那么诚心诚意，出钱又出力，就算你苦心经营，想着法地投机取巧，以便攀上个高枝儿。可结果呢，除了更长的通讯录，更多更吵闹的微信群，更庞大的微商广告之外，你什么都没有得到。

需要特别提醒那些热衷于社交的姑娘，你自以为朋友很多，一呼百应，而实际上起决定作用的并不是你和他们的情谊，只不过是一些看似前卫的时尚、可以交换的利益，或是喧嚣的寂寞罢了。

　　草率的社交只配拥有几个泛泛之交罢了——见面时满脸堆笑，转过身还得用力回想："这人是谁啊，干吗对我笑？"

　　二十多岁时，你以为多个朋友就会多一条出路，等你到了三四十岁的时候就会知道，朋友跟爱情一样，都无法拯救你。

　　所以，真的不用费尽心思地搜罗牛人的联系方式，也不必唯唯诺诺地巴结讨好，笑到最后的不见得都是赢家，也有可能是小丑！

2

　　圈子当然很重要，尤其是对姑娘而言，它决定你接触什么样的人，甚至决定了你的人生。酒肉朋友只会陪你花天酒地，而优秀的闺蜜必定会敦促你向优秀靠拢。但需要强调的是，圈子虽重要，但绝不能随便钻，更不能硬挤。

　　昨天晚上，一直在群里默默无闻的 M 突然退了群。我打开微信群的时候，只看到她在群里的最后一句话："你们好好聊。"然后就没有然后了。大家就像什么都没有发生一样，继续聊着前面的话题。

不一会儿，M 在微信里问我："大家在群里有没有议论我？"我诚实地告诉了她答案，"没有"。她于是发给我一段很长的话，大意是说，群里有钱的男生一说话，那些女生就跟着聊得热火朝天；漂亮的女生一张嘴，那些男生就滔滔不绝。唯独她，说一百句都没有人搭理一下，留在里面太尴尬，所以退群了。

她结尾的一句话是"既然大家都这么势利眼，那我干脆消失好了"。

我想回复她几句，可发现她已经把我拉黑了。

不一会儿，有个群聊积极分子在群里发话了："M 是不是有病啊，她一天天到处口无遮拦，谁会愿意搭理她！从来不想想自己的问题，还到处说我们群里的人势利，真是够了！"我这才明白，原来 M 向好几个人打听了她退群之后的消息，并说了退群的原因。

随后，又有几个人爆出了 M 不招人喜欢的证据。比如："天天刷朋友圈卖净水器，我都屏蔽她了，结果她居然还私信发给我""节假日给她发祝福、发红包从来都不回""群里讨论聚会的各项事宜，她从来不吱声，谁发个红包她就马上出现""有一次给我发了个生日祝福的短信，末了居然还向我讨红包"……

人是个奇怪的物种，对喜欢的人掏心掏肺都愿意，对招人烦的人则是一丝情面都不肯留，更别提耐心。

每个人都是这样，对善良大方的人，会用慷慨的模式去交往；对心计颇多的人自然也会套路满满。如果你处处设防，别人对你也必定是层层防备的状态，你坦坦荡荡，别人自然也愿意对你敞开心扉。

总之一句话，大家对你的态度，取决于你对大家的态度。

如果你不被某个人喜欢，你尚且可以质疑对方的"喜好标准"，但如果你不被一个圈子喜欢，请你千万要从自身寻找原因。

我的建议是，要么就努力让自己身上有被人喜欢的闪光点——变漂亮、变有钱、变得高情商、开发某项特长、增强某项技能；要么就换一个能喜欢你现在模样的圈子——退出旧圈子、交新朋友、加入新组织。

不要把自己不受欢迎的责任推卸给别人，然后像一个受尽委屈的、落难的怨妇那样，满世界地控诉。你这样做的结果只有一个：不招人待见的你，会越来越招人烦！

3

与其在圈子里卧薪尝胆、强颜欢笑，不如努力给自己增值。

曾经不被主流音乐认可的周杰伦，在凭借他自身的努力变成了时尚音乐的代言人之后，几乎每一档歌唱类综艺节目都能听到他的作品；

曾经备受电影人轻视的周星驰，在香港电影跌入颓势时力挽狂澜，如今已然成为了香港电影界的代表人物之一。

你看，他们在不被主流圈子认可的时候没有选择妥协，没有改变风格或者迎合主流社会，而是在暗自努力，让自己变得更加强大。

一旦你变强了，圈子、人脉、资源就变成了你实力的衍生品，这些东西都是自动吸附过来的，就好像你是高耸的梧桐枝，凤凰自然会来栖息；你是无边的大海，江湖自然来聚集。

所以我的建议是，不要硬挤进一些看似主流、看似强大的圈子，不适合你的圈子只会拖累你，让你变得疲惫不堪。在那样的圈子里，你找不到存在感，也找不到认同感，就算你会被迫去关注流行的电影、电视剧、娱乐节目，以及流行的游戏、明星，可还是避免不了自己成为话题的"门外汉"，成为别人热聊时的"旁听者"。

更严重的后果是，在不属于你的圈子里，你不仅得不到任何的成长，还会让自己被无形的力量拖入平庸且无聊的旋涡之中。

要想清楚自己加入某个圈子的目的是什么？应该是变得更优秀，是为了让生活更多彩，而不是给自己戴上枷锁。

减少无效社交和放弃高攀不起的圈子一样重要。

你要明白自己需要什么，适合什么，有什么资格，而不是哪个圈子的牛人更多，哪个圈子的资源更优越你就非要挤进去不可。如果你自己没能力，所谓的圈子根本就不会给你带来机会或真心朋友。

但是，如果你的圈子里有特别招人烦的人，也请你控制好自己的情绪。不论是拉黑还是绝交，都要干净利落，切忌说出什么偏激的话，做出什么丢脸的事情。

以后你就会明白，这美好的人世间，真的没有谁值得你去为他情绪失控，导致扣掉自己教养和人品的分值。

你呀，就努力做个脸大、心也大的姑娘吧，别跟那些鸡毛蒜皮的小事较劲，更不要把时间浪费在不足挂齿的小人身上。正所谓，将军有剑，不斩苍蝇！

我觉得你的嘴，
需要一个撤回功能

1│

　　肖格格终于结束了对工作餐的抱怨，将话题转移到吐槽赵薇的新电影上，我看见大家齐刷刷地松了一口气。

　　在大约十分钟前，她从色香味三个方面对工作餐进行了全方位、立体式地"声讨"："世界上还有比这更难吃的工作餐吗？""要说食材也都挺不错的，可全都给厨子糟蹋了。""西兰花炒过火了，胡萝卜又太生，酱油放得太多了，炸鸡腿不健康，只有米饭还不错，可也不能只吃米饭啊……"

　　围坐在一起的同事们面面相觑，大概大家都在想：我这是吃，还是不吃呢？

肖格格自称"格格"，同事们也愿意喊她"格格"，原因却不太一样。她是因为觉得自己样样都不错，像个"格格"，而同事们则是因为觉得她每天絮絮叨叨的，像一只刚下完蛋的老母鸡——"咯咯哒、咯咯哒"。

若只是话多，大家也还能忍，关键是她不仅话多，而且还不分场合。

要么是将别人的穿着打扮奚落一番当作是聚会的暖场话题，把别人惹生气了就补一句："跟你开玩笑的，至于吗？"要么是将自己从里到外夸一遍，不时还会来一句："也不知道这么好看的我，以后会便宜了谁？"再要么是硬插进别人的私密谈话，末了再重复一下她的口头禅："我以为多大点儿事呢！"

谁要是给她提建议，她就一脸的不屑，外加大段大段的质疑，就好像提建议的人是在故意为难她似的；谁要是谈异地见闻，她就用"我听说是这样的"来进行矫正，就好像那些见闻她都亲眼见过一样。

生而为人，我觉得要有两个起码的觉悟：一是不在人格上轻易怀疑别人，二是不在见识上过于相信自己。有时，你只是错把见闻当成了经历，把听闻当成了经验而已。

凭心而论，那个同事的穿着是没有你的高级套装好看，在人群里你也确实有一点点长相上的优势，别人的私密话题确实不是什么大事儿。但是，你以为的玩笑对别人而言可能就是刺破伤口的针，你自认为的美丽对他人来说可能只是一副讨人厌的皮囊，你不经意间下的结论对他们来说可能是连自己都不敢碰触的软肋。

一般情况下，没有人会小气到要跟你计较那些善意的玩笑、无关痛痒的指点，以及不折损颜面的拆穿，因为多数人都是有胸怀的，也很有幽默感，谁都愿意有个欢乐和谐的交际圈子。可是，如果玩笑失了分寸，却不知道反省自己；指点失了偏颇，还以为是智慧；拆穿不知轻重，让别人难堪了，那究其根本原因，就是智商和情商都有欠缺，教养和素质都有问题。

人和人之间，各有自己的优缺点，拿自己的优点和别人的缺点比，或者用自己的优势去抨击别人的弱项，无异于用爬树的能力来评判一只鱼，这是弱智的表现。

谁都有几个死党、闺蜜，你之所以喜欢和她们互相拆台，除了你们彼此熟悉之外，还因为你们在提及对方糗事的时候，知道避开痛点和雷区，知道哪些敏感的地方应该绕过去。

你该明白，别人可以忍受你的叽叽喳喳，忍受你的后知后觉，甚至也可以原谅你的年少轻狂和桀骜不驯，但没有人会对你的无知无礼毫不介意。

要我说，像你这样口无遮拦的人，真的犯不着去看什么《蔡康永的说话之道》，《小学生日常行为规范》才是最适合你的。

2

世界上最不会说话的人，一定少不了"男朋友"这个族群。

绿萝姑娘就经常被不会说话的男朋友给气哭。

上周末，绿萝姑娘拉着男友一起去专柜买化妆品，试用了几款都不太满意，尤其是价格。一直给她介绍的导购员不耐烦了，顺嘴就来了一句："你都试了一圈了，到底买不买啊？不买我就去招呼别的客人了。"绿萝一听就不高兴了，随后就和导购员小吵了几句，这时候，一直默不作声的男朋友突然动身了，他将绿萝姑娘径直拉出了店门。

拐到人少的地方，男朋友严厉地问她："你能不能要点儿面子，那么多人，你跟一个导购员吵什么？不买你就走，这有什么好吵的？"

绿萝姑娘一下子懵了，她以为男朋友会安慰她，然后再说那个导购员几句坏话，却不料是劈头盖脸的指责。

类似的场景很常见。

遇见一个说话温柔的女生，绿萝姑娘就问："你羡慕别人家的女朋友是温柔体贴型的吗？"男朋友答道："我以前谈的女朋友都很温柔体贴啊！"

早起时觉得胃里不舒服，绿萝姑娘说："好难受啊，胃里翻江倒海的。"男朋友回复："哈哈，叫你不好好吃饭。"

去饭店吃饭时点了一条河鱼，绿萝姑娘说："我不喜欢吃鱼。"男朋友答："你多少都得吃一点儿，吃鱼聪明。"

在小店里买发卡，绿萝对老板说："便宜点儿吧，就带了三十块钱。"男朋友抢着说："别怕，我这还有二百呢！"

遇到商家打折，绿萝兴致勃勃地说："这个包包五折买的，省了三百多呢，是不是超级划算？"男朋友回答道："你被卖家糊弄了，我估计这个包顶多就值二百。"

一起做饭的时候，绿萝姑娘说："帮忙开一下酱油瓶。"男朋友回复："你炒菜的时候不都能单手颠锅吗？"

你看，明明只是一些芝麻小事，不会说话的人却偏偏要摆出一个个能噎死人的大道理，讲满嘴的人间道义，那还谈什么恋爱？拜把子做兄弟好了！

就是因为这样，每天都有那么几个自认为是"正义的化身"的男生，从男朋友变成了前男友。

要我说，谁都知道那么几句，从别人的错误中总结出来的、自己讲得头头是道的、偏偏一点儿用都没有的大道理。但女孩要的是男朋友跟她一起同仇敌忾，而不是冷冰冰的义正词严。

有人说，世界上最浪漫的事情是"和爱的人一起慢慢变老"，是"我们站着，不说话，也十分美好"。可如果两个人互相听不进对方说什么，或者用语言来互相伤害，那还不如和一张桌子慢慢变老。

3

我曾问过一个姑娘："如果抛开相貌、家境这些因素不谈，你最怕和什么样的人交往？"

她说，"当然是不会说话的人。和这样的人来往，就好像是被关进了乌漆墨黑的小屋里，然后还被迫拿走手机、平板、小说、电视、床，除了黑暗，什么都没有。"

不会说话的人大概是这样的：要么是把蠢事当趣事说，要么是把小事当正事说，要么是别人的话题完全接不上，要么是给出一个不合时宜的建议或判断……

他既不懂察言观色，又分不清利害关系，总能在不合适的场景下说不合时宜的话，或者使用不合适的手段把人都伤出内伤了，还觉得自己"萌萌哒"……

这样的人，给同性朋友的印象是"可有可无"，给异性朋友的"礼物"是"一场漫长的尴尬"。

我的建议是，无论你在哪个年龄段，无论做什么，至少要让自己说出来的话不给别人添堵。

《圣经》上有这样一则故事：两个信徒带着一个道德败坏的女子去见耶稣，问耶稣是否要用石头将女子处死。耶稣没有回答，只是弯着腰在地上写字。两个信徒就不停地问，耶稣最后反问了一句："你们中间谁是没有罪的，谁就可以先拿石头打她。"大家一听就被吓着了，围观的人群和押送女子的信徒也都散了。

这个故事告诉我们的是，"当你试图对一个人、一种行为、一个现象扔去石块的时候，要反躬自问，看看自己是否已经是无懈可击了。"

所以，不要轻易指责别人，也不要随便地评论他人。一辈子都在对别人指指点点的人，很可能是因为他从来都没有认清过自己；不要信口开河地抨击你亲身经历之外的人和事，也不要站在高处诋毁你理解不了的现象。那些你反复强调的东西，或许并不是你擅长的，比如说道德或者勤奋。

不要因为无聊就去评判陌生人的生活，也不要借着"年少轻狂"就对别人的处世之道指手画脚。矫情的话要尽量憋在心里，天亮了你就会庆幸没说出口。

也不要逢人就说你对某事的看法，你不是新闻发言人，没有人真的在意你怎么看。可你说了什么却暴露了你的智商、际遇和过往，你说出的话里，藏着你的见识。

特别提醒一下，一些级别比你高很多、资格比你老很多的人，他们笑眯眯地问你对一件事情的看法时，很有可能是在测试你的智商和情商！所以，请时刻带着脑子。

生而为人，我觉得要有两个起码的觉悟：

一是不在人格上轻易怀疑别人，

二是不在见识上过于相信自己。

有时，你只是错把见闻当成了经历，

把听闻当成了经验而已。

体面的生活，一定与钱有关

1 |

有很长一段时间，我对身边那些挎着 LV 包包的穷姑娘抱有偏见，尤其是那几个天天赶公交、挤地铁的女孩子，我一直都认为她们没钱还背大牌包是"虚荣心过剩"的表现。直到认识 Alina，我的这种偏见被极大地矫正了。

Alina 有多数小白领省吃俭用的一面，比如经常去最便宜的面馆吃一大碗清汤面，或者去超市买东西时会用手机计算器对比几款纸抽的价钱。然而，她也有多数小白领很难拥有的一面：她会将那些从牙缝里省下来的钱，"狠心"地买一款超贵的包包。

我问她："你明明很省，却为何又这么奢侈？"

Alina 笑着对我说："生活已经很艰难了，我得适时地给自己一点点奖励啊！"

三年前的 Alina 则完全不会这么想，那时的她认为："能在这个偌大的城市里找到一份安稳的工作，能够立足，就已经很体面了。"

然而现实是，她要不停地跟周围一群月光族的女同事们周旋，她需要用最合理的消费让自己兼顾基本的生活和看似体面的装饰，同时她还得不停地找借口拒绝朋友们发出的旅行邀请、聚会邀请，以及去高档商场"闲逛"的邀请。

Alina 说："但凡是个有点儿自尊心的姑娘，在这样的城市，在这样的交际圈子里，难免会觉得委屈。"她接着说："后来我发现，钱真是好东西。在之后的半年里，我开始有计划地选购一些很贵却很好的东西，不管是通过省吃俭用，还是通过加班、兼职赚钱。更有趣的变化是，曾经让我想逃避的逛街邀请、购物邀请、旅行邀请，慢慢地都变成了我生活的一部分；而那些曾让我嫉妒和厌恶的女同事，也在这半年时间里没那么讨厌了。"

对她而言，在自己的能力范围之内，能最大限度地让自己过得满足，充满世俗的小资情趣，这样不仅能抚慰那敏感的、脆弱的自尊，同时还对得起"生活"二字。

很多平凡的姑娘都想通过日复一日的忙碌，去换取体面的生活。现实却是另一副模样：你每天下班回来时已是疲惫不堪、愁容满面，然后是整夜整夜地失眠；你独自蜗居在阴暗的出租屋里，顾不上蓬头垢面，就一个人开始携韩剧、美剧"狂欢"；你蹑手蹑脚地从满是衣物的地板上穿行，更别提泡在洗碗池里搁了两三天的碗筷了……

更残酷的事情是，同样是拿到薪水，有钱的姑娘可以马上换来最新的苹果手机；可以计划一个月之后的大堡礁七日游；可以买一款香奈儿的经典香水或是爱马仕的新款手包。

而你，只能微笑着，敷衍过去。

你会发现，金钱不仅可以买来锦衣玉食，甚至还能赢得旁人的认同和尊重。有钱任性，没钱努力，人生就是这么残酷又直接！

一个姑娘越活越邋遢，大致会遵从这样一条规律：首先是从铺天盖地的抱怨开始，继而在懒惰中蔓延开来，随后陷落在异想天开的侥幸中，最后连一丁点儿反抗的力气都消失了。

反之，越活越体面的姑娘则有且仅有一条途径——努力赚钱。因为对钱有了正确的认知，并且采用正当的方式去拥有，最后采用健康的方式去使用它，这样的姑娘必定会是体面的。

无论如何，还是赚钱最靠谱，不然，你心情阴郁的时候，就只能买两瓶啤酒、一袋花生，坐在车水马龙的路边失魂落魄地哭；而如果你有钱，就能躺在优美的山中温泉里，敷上面膜，止住眼泪。

这样的你，也许圆滑，但并不世故；也许虚荣，但并非底线全无；也许落寞，但绝不落魄！

2

有这样一个故事：一对平凡的小夫妻，答应替他们的富豪朋友管理别墅，直到其回国为止。一开始，小夫妻俩觉得十分高兴，因为能住免费的大房子，拥有华丽的客厅，赏心悦目的花园，宽敞大气的私人健身房……

在这一年中，他们将体验所有原本是富人的生活，丈夫对妻子道："感谢上苍，结婚那么多年，我终于也能让你过上一次体面的生活了！"

然而，入住后不久，为了维持房间的干净整洁，妻子不得不每天挽起袖子打扫这三百多平方米的房子，丈夫也被维持别墅正常支出的高额费用折磨得不堪重负。

在"享受"别墅生活中的每一天，夫妻俩光是打理清扫，就花费了极大的时间和精力，才能勉强维持别墅的体面。这使他们精疲力竭，无心欣赏别墅内的美景，更别提享受别墅内的其他娱乐设施了。同样，别墅内的高科技以及各种富丽堂皇的装饰，也大多沦为摆设。

为了节省支出，夫妻俩入冬不舍得开空调，平日里仅有房间灯光明亮。因为对于他们目前的工资水平来说，让整栋别墅通明，华而不实，想要走到哪儿都有空调，电费又负担不起。整个冬天，他们住在寒冷而宽大的别墅里，丈夫搂着瑟瑟发抖的妻子，抱歉地自嘲道："本来想让你过一段体面的好日子，没想到却让你更辛苦了。"

你看，体面的生活从来都与钱相关。那些缺失物质基础的"体面"，实则是镜花水月，它并不能给你带来真正的幸福。

只有提高自身的经济实力，才足以匹配体面的生活。如果没有金钱来维持，你的体面往往只是绣花枕头，这种体面甚至还会使你的生活变得疲惫不堪，时间一长，你就免不了被"打回原形"的命运！

如果你永远是一面不入流的镜子，就别指望有一堵体面的墙会让你挂上。

在很多女孩的观念里，或多或少都被这样暗示过：你是一个姑娘家，只要照看好孩子和会做精致的三餐就好，你的他会替你遮挡风雨；你只要负责买得起奥利奥（饼干）即可，你的他会负责你的迪奥和奥迪。

于是，你以为体面的生活就是找个男人嫁了，然后安安稳稳地过日子——晒美食，晒娃，晒莫名其妙的生活琐事和没完没了的家庭聚餐；你认为体面的生活是没有压力，没有竞争，回到家就有公公婆婆帮助打理干净家，混够时间就有分毫不差的工资打到卡上。

结果呢，你慢慢就变成了一个对工作无欲无求、对生活听之任之的人。

你连新来的同事叫什么都不想过问了，更别提去研究最新的办公软件该怎么用；你的银行卡里连买个奶瓶的钱都不够，更别提想方设法地让家庭生活更丰富多彩了……

更可怕的是，当你环顾四周，发现体面的生活一直都是别人的：在你牵着三岁半的儿子逛公园的时候，你最好的闺蜜已经从英国学成归来，她那满脸的自信让你羡慕不已；在你叠完最后一摞衣服的时候，你曾经的同桌刚刚周游了南北美洲，她在咖啡园里和某明星的合影让你误以为她就是个大明星；在你从婆婆的冷眼里接过下个月的生活费的时候，你突然发现朋友圈里的好友正晒着在迪拜的奢华酒店就寝的照片，你嫉妒的不是她的穷奢极欲、纸醉金迷，而是她比你更自由自主地花钱而无需看谁的脸色。

于是，你踮起脚尖，想去够一下自己的、悬于夜空中的、如明月一般干净的梦想。可是，在这个硕大的城市里，你却有心无力。你转身再看看那个正在熬夜加班的男人，却发现他的现实生活竟比你还要像热锅上的蚂蚁。

3

亲爱的姑娘，你要明白，根本就没有什么与钱无关的体面小日子，很多时候，就连三分体面的生活，就已经要花掉你十分的力气。

一个普通姑娘要想过上女王般的生活，在心智上必须跨过三重境界：前两重分别是"愿得一心人，白首不相离"和"岁月静好，现世安稳"；第三重就是"老娘有钱，关你屁事"。

如果再有人劝你别那么拼、别那么在乎钱，你就对他说："保护世界和平的任务就交给你了，我是个俗人，只对万恶的金钱感兴趣！"

越是难熬的日子，越需要花钱武装自己。就算长相普通，就算明明遭遇困境、艰难度日，也需要用钱给自己体面——让自己看起来光鲜美丽，无坚不摧。

只有有钱了，你才能人格独立，才能足够体面。

有钱了，你才能生出体面的情绪，才可以赞美你喜欢的，唾骂你厌恶的；你才可以自由地选择爱或者不爱，然后有尊严地接纳或者拒绝；你才可以让自己的生活品质和个人品位不落俗套，成为普通人里鹤立鸡群的那一个，成为优秀圈子里不被鄙夷的那一个。

有钱了，你才可以在感情的世界里和那个对的人平起平坐，而不必屈服于任何一种你不屑的潜规则，不必会为了任何别的动机去结婚生子！

至于那些天天宣称"体面的生活与钱无关"的人，你也大可不必花费脑细胞去反驳她们，因为她们可能真的不缺钱，但你不是。没有钱，你根本就无法体面地生活，顶多只能算是"还活着"。

我的建议是，对 Honey 的表白可以再含蓄一点，对 Money 的表白则可以再赤裸裸一些，比如说："喂喂喂，Money，我最喜欢你，像泼妇骂街一样，不讲道理。"

那么穷，是因为你太省了

1

"没有动力去赚钱的时候，就去最好的餐厅吃顿饭。"

说这话的姑娘今年二十五岁，在巴黎最好的大学念经济学。供养她的，是她自己。

刚到巴黎时，她和她的钱包一样空瘪，做什么都是小心翼翼的。为了起码的生活，她最初是从为人端茶、倒水、洗盘子开始的，打完工去华人超市买最便宜的蔬菜水果，再提着大大小小的袋子去追公交、挤地铁。

那时候，她的梦想很大，却是灰色的。她不得不在睡眠极度缺乏的情况下学习和糊口，所以她每天早上都是被闹钟逼醒的，然后带着一个困倦的灵魂出门，与之相配的，是她那褶皱不堪的外套和蓬乱的头发。

直到有一天，她路过一家富丽堂皇的餐厅，她被庄重的门面和一桌桌精致优雅的食客给震住了。她在玻璃窗外站了足足五分钟，看着里面那一群穿着体面、打扮光鲜亮丽的人，她感到异常的羞愧。

随后，她做了一个连她自己都感到意外的决定——她将满是褶皱的衣服和乱糟糟的头发整理了一下，然后走进了餐厅。

服务员的笑容和轻音乐让她舒服极了，她被领到一个靠窗的地方坐下。然后，一份菜单被恭恭敬敬地递了过来。她做好了"最坏"的打算——大不了吃掉两个礼拜的工资。

结果是，她吃掉了一个月的薪水。

可这一次，她没有觉得心疼，反倒是心态发生了很大的变化，那些美好的画面、那些精致的餐具、舒缓的轻音乐、穿着举止得体优雅的食客时常在她的脑海里出现，隐隐变成了一种潜在的动力——"我想要配得上这些"。

于是她开始注重自己的仪表和举止，开始化一丝不苟的妆，并且赚钱的动力更足了。而每次路过那家餐厅，就算是去洗碗，她也梦想着有一天也可以成为里面的那一类人——在每个华灯初上的夜里，愉快地享用着精致的晚餐。

之后的日子里，她总是鼓励自己去选择一些好一点的餐厅吃饭，这件事也在不知不觉中成为检验她的生活的标准。从第一次走进奢华餐厅时的忐忑不安，到日渐从容；从第一次翻看菜单时的小心翼翼，到现在可以点最喜欢的那道菜也不会担心破产，这何尝不是一种进步。

当你坐在一家极具情调的餐厅里，被一群优雅的人包围着；当你从容地切下嫩嫩的牛排，并优雅地送进嘴里的时候；当你在顶层餐厅里独自享受红酒的时候，你是不会心疼这顿饭、这瓶酒的价格的，你也不会在乎是独自一个人，还是有亲朋陪在身边，你只会拥有一份坚定的信念："我要更加努力，去拥有这般优雅的生活。"

在你没有动力去赚钱的时候，就去好的餐厅吃顿饭，吃最贵的主菜，喝最贵的酒，再看看身边的人，就知道你距离成功还有多大的差距，保证你出门之后，就打算用百分之二百的力气去努力。

2

一个周末，在北京工作的表妹突然给我发了一条消息，说她在搬了两次家之后，职务连升三级，工资翻了三倍还多。

我惊呼："风水这么好？"

她回答我："不是风水好，是我让自己升值了。"

对比一年前，表妹现在的精神状态和那时判若两人。那时候，她还在西二环的一家外企实习。因为实习期工资不高，为了省钱，表妹不得已和朋友在西六环外合租了一套房子。上班需要公交倒地铁，再倒公交，单程超过一个半小时。

表妹逢人就吐苦水："别跟我说什么下班时间充电、学习，在路上我就折腾了三个多小时，回家唯一想做的事情是一动不动地躺着，要不就是找个娱乐节目让自己傻乐一下子，或者是看一个催泪电影让自己大哭一场，否则的话，第二天根本就没有勇气去挤公交、地铁。"

在短短五个月的实习期里，表妹硬生生地从"小家碧玉"被逼成了"刁蛮女汉子"。

一次偶然的机会，经朋友介绍，表妹在西四环找到了新住处。距离公司的路程也由一个半小时缩短为一个小时，这样她每天的在路上的时间就省出了一个小时，她利用这早晚各半个小时的时间进修了与工作技能相关的网络课程，早上背概念，晚上读事例。后来，凭借着出色的表现，表妹成功地留在了这家外企。

尝到甜头的表妹决定再"奢侈"一把，她在离公司很近的地方租了一个单人间，房租是之前的三倍还多，但她因此多出了近3个小时的宝贵时间。她每天只需走十分钟就能到公司，然后以饱满的热情投入到工作中，下班了能够有充足的时间去学习，去看书，去社交。

她反复向我强调："能用钱解决的事情，千万不要用时间。"

对啊，你要用钱去买时间，而不是花时间省钱。因为有时间了，你才有精力和机会去换取知识，换取人脉，换取洞见。

在我们身边，有很多人为了省钱，在买东西的时候东瞧瞧、西瞅瞅，仿佛她看到的东西长了爪子似的，要伸进她的衣袋里掏钱，而她只能把钱包捂得死死的，才能防止钱被掏空。于是，活得越来越节省，也越来越抠门。

还有一些人，每天上班的时候，在颠簸、拥挤、吵闹的车厢里蜷缩一个多小时，到了公司就什么都不想干了；每天下班的时候，又挤在汗臭、狐臭以及浓烈香水味交织的车厢里折腾一个多小时，回到家里就什么都不想吃了。

于是，越省钱越疲惫，越省钱越无能，越省钱越穷！

勤奋但不讲究效率的结果就是：笨鸟先飞，然后不知所踪。

事实上，以浪费宝贵时间为代价的省钱，会让你的效率大大降低，让你的努力大打折扣，让你和别人的差距越拉越大。

比如你正准备考一个资格证书，可你舍不得花钱报个优质的补习班，或者买几本专业的书籍、精选的题库，而是在网络上寻找零碎的、陈旧的、烦琐的免费资料，然后将大把大把的时间浪费在甄选、判断和过滤上。

比如你的电脑卡得要死，导致你的工作效率很低，可你舍不得花钱换台新的，只能每天耗着，将大把大把的时间浪费在电脑的反应速度上。

因为没钱，所以拿时间去省钱，可如果你没有任何技能上的提高，注定了你会越省越没钱。而你的那些潜在对手，你的直接竞争者们，只是舍得花钱，就可以把那个自认为努力、并以节省为荣的你甩出好几条街。

3 |

最可怕的省钱模式是"自虐型"的。

譬如说看见一件不错的外套，但价格不菲。于是你自作聪明地上网店选了一款类似的。你安慰自己说："虽然有一点儿不一样，但看起来似乎差不多嘛，最主要是省钱啊"。于是你用不到一半的预算就买下了能勉强接受的外套。

结果呢？买完后大多时候你只能将一切的问题都推给卖家："你家的东西怎么质量这么差，和图片、文字描述的差别太大了！"。再然后，你花时间跟人吵，花时间退货，最后，你不得不用另一笔预算买了另一件，但还是穿不出最初看见的那一件的震撼惊艳。

当你以省钱的侥幸心理完成了一次满意度很低的消费之后，你必将通过另外的消费来填补缺失的满足感。最终，你不仅省不了钱，花出去的钱还会"超水平发挥"。

所有的差不多，最后都会报复你。

亲爱的姑娘，在你二十几岁的花样年华，最重要的事是花钱投资自己，让自己变得更有赚钱的能力，让自己拥有自信满满的底气，而不是在最该消费的年纪谈省钱。

你要做的是去学习和探索自己擅长的事情，去见识这个世界，打开自己的眼界和格局；你要做的是学会穿衣打扮和化妆，让自己变得更自信。你会发现，当你有了自信的态度，当你有了赚钱的能力时，你就能更好地发挥出自己的优势和潜能，你就能吸引到更多、更好的资源。

青春有多短暂呢，也许还没缓过神就过了。趁着还年轻时，你就该让自己矜贵一点，优雅一些。这样，才能在青春逝去后，当手掌抚摸那来之不易没被岁月打败的珍贵之物时，脑海里想起曾经那个闪亮的自己，心里有了慰藉，也有了傲人的底气。

去买买买，去赚赚赚，去感受年轻生命的丰富和鲜活。而不是一味省钱，压制自己的欲望，限定住自己的向往。但任由你再怎么使劲压缩生活的质量，也不能更快、更好地到达明天。

你要记住：赚钱和花钱都是一种很重要的能力，哪一种缺少都会让快乐受损。

但是，需要特别说明的是，不要把花钱的大方劲儿使在了对待感情上。对待感情，你要精明，要精打细算。

最好的方法是：广泛地调查，细心地求证，眼要准，手要狠，用最合理的价钱办最好的事，让自己"每一分钱"，尽可能买到最值得的东西。

最好的男人就像货架上最贵的水果。你没必要紧盯着那最贵的，因为在它新鲜的时候，你消费不起，等到打折时就差不多坏掉了；也别贪小便宜省钱买最廉价的，烂水果吃了一口，你吐都来不及。

姑娘，
独立的前提是肱二头肌和存款

1

晗晗是我见过最能干、最独立的女生，瘦瘦小小的身体架着一张精致的脸，既干练，又自信，浑身上下透着一股爽快劲儿。

作为"海归女"，晗晗刚回国就在一家金融公司谋得了一份薪水可观的职位。凭借着精明的投资眼光，晗晗仅用三年的时间就赚到了新房的首付，新房位于城市的富人区，从她家的花园阳台上可以直接看见海平线。

周末的时候，晗晗就独自去沙滩晒晒太阳、游泳、拍照、思考。用她自己的话说，她可以把一天安排得特别满，从来都不会觉得一个人呆着会无聊。她不允许自己变胖、变丑、变穷，所以她在努力工作之余，每天都坚持跑步，并且注重饮食上的健康和精神上的补给。

同事们问她："你那么忙，怎么还有时间跑步啊？"

她笑呵呵地说："再忙也得抽空跑啊，毕竟目前我跑步的名义还可以说成健身，而不是减肥！"

大概是生活中独来独往惯了，大家会以为晗晗是那种"因为家境一般而故作坚强的孤僻女生"。但实际上，晗晗姑娘家里特有钱，他的爸妈都有各自的公司，也都争着邀请晗晗去帮忙，但晗晗似乎并不感兴趣。她想要自由，也想自己闯闯。当年出国留学时，晗晗遭到了爸妈的强烈反对，为了这份自由，她没有接受爸妈的一分钱资助——她自己打工赚钱交房租，自己修水龙头换灯泡，做饭修电脑更不在话下。

在最艰难的时候，有个有钱的男生追求过她，条件是搬到男生家里和他一起过，她像个愤怒的狮子一样把男生撵走了；在她事业刚开始的地方，有个投资人想从她那里套取一点内部消息，条件是送她一款香奈儿的经典包包，她二话没说就拨了举报电话，吓得那个投资人撒腿就跑。

闺蜜知道了，就骂她傻，说她有毛病。她憋出浓浓的东北腔说道："傻就傻呗，你觉得我有毛病，那我就是有毛病呗。那咋办？"

闺蜜白了她一眼说："你一个姑娘家，怎么可能事事都顺心如意？装傻也不可能啊！"

她说："当然也有不开心的时候，我就仰着脑袋做个深呼吸，然后提醒自己，不过是糟糕的一天而已，又不是糟糕一辈子。"

你看，真正独立的姑娘，可以用一本书、一双跑鞋、一个电话、一句鸡汤来对抗整个世界。

她懂得如何照顾好自己，在事物面前有自己的判断；她懂得在不好的事情发生时能稳住自己的情绪，她有能力抵消因独立而产生的孤独，也很少表现出因孤独久了而产生的攻击性。

她不会轻易被廉价的言论和情感煽动，因而会对自己的每一个决定负责；她不会受困于别人施舍的恩惠或强加的权威，却会因内心强大而生出一种体恤式的温柔。

在我看来，真正的独立是不依附、不恐惧，是能够把那些蒙蔽自己的概念和成见，像剥笋一样一层一层地剥去，露出里面很鲜嫩、很清澈的那股劲儿。

每个人都盼着能独立，但是独立的前提是你有足够的资本——要么有本事，要么有存款。

如果你连完成任务的基本能力都不具备，那领导的批评、轻视有什么不合理？对你的指指点点有什么问题？同事对你的忽视又有什么不正常和难以理解的？你总不能自己明明是一根朽木，还盼着别人把你当作顶梁柱吧？

如果你连自给自足的能力都没有，那父母的苦口婆心有什么不对？对你絮絮叨叨又有何不可？你总不能一边宅在家里啃老，一边喊着人权自由吧？

穷困潦倒一阵子，其实并不可怕，可怕的是它变成你人生的常态！

是的，二十几岁的年纪，你确实可以仰仗年轻和亲情，肆意妄为地把个性当能力，把青春当资本，但之后想继续过得好一点儿，物质基础必须要牢靠。

残酷的现实是，好看可以是天生的，但一直好看，真的得有钱。那些让你眼红的苗条身材背后，可能是在健身房里用钱砸出来的；那些让你嫉妒的吹弹可破的肌肤里面，可能是在护肤品专柜前刷卡刷出来的。

每天要为五斗米忧愁烦恼的人，就算美，也一定美得不牢固，就算独自生活，也一定活得不自在。

你要记住，欺负别人和养活自己，你都得自己来。

2

好友CC给女儿办满月酒的那天，我因事没能参加，就给她发了一个微信红包，结果到晚上十一点多，她回复我："心好累！"原来，CC 本来紧张的婆媳关系在生下女儿之后进一步升级了，同时受影响的还有与老公的关系。

CC 的婆婆是个传统观念很强的人，她一心想要一个孙儿来传宗接代，在得知孩子是女孩时，婆婆甚至拒绝去看望孩子。

更悲催的是，CC 没有工作，她本想着在家做个相夫教子的家庭主妇，结果一生完孩子，发现到处都需要花钱。她曾怂恿老实巴交的男人向公公婆婆要，结果每次要来的都是象征性的一点儿——连支付一个月的尿不湿都不够。

无奈之下，CC 只好厚着脸皮回娘家。但不知道婆婆从哪里听到了消息，说 CC 是嫌弃他们家穷，要带着孩子出走。于是，当 CC 抱着孩子在大街上散步的时候，婆婆气势汹汹地赶来了，她一把抢过孩子，又一把推倒了 CC……

CC 说，在那个众目睽睽的尴尬时刻，她突然明白了一个道理：女孩手里要常备着的不只是婴儿的奶瓶，而是纸巾——是在被人欺负时候，第一时间能够拿出来堵住眼泪的纸巾，是在大庭广众面前跌倒受伤后能够拿出来止血的纸巾。

我顿时觉得凄凉，很认真地反驳她："不是奶瓶，也绝对不是纸巾，而是钱——是在生完孩子之后，第一时间就能为孩子准备好一切的钱，是在大庭广众之下被婆婆堵住时让她"住手"的底气！如果你连买尿不湿的钱都不够，又拿什么来交换尊重？你连跟他们平等对话的底气都没有，又怎么可能擦得完眼泪或血？"

生活上依赖别人，又希望得到别人尊重，这是不可能的事啊！

在这个功利的时代，大家都在向女孩子强调肉体上的自爱，却很少教育她们精神上的自爱。比如不轻易开口向别人进行物质索取，比如想要的东西和想过的生活都要靠自己的努力去争取而不是坐享其成。

事实上，对于靠索取为生的人，有钱的家庭看不起你，没钱的家庭也养不起你，你早晚都会成为别人的负担和困扰。

关于人生，你从来都不是观众，而是执笔的编剧，所以结局，你还能自己说了算！

你想过体面的生活，首先要让自己经济独立。这种物质上的从容，能给你独立的条件和底气，让你不必拼命地想嫁给一张长期饭票。

只有经济独立了，你才有底气做其他事，才有资格要求其他人。这样的你，不怕自己三十岁没嫁人会被人嘲笑，不必担心爸爸妈妈咆哮地说你这样单身很丢人；不会担心自己付出了努力和劳动依然不被领导尊重，更不必计较哪个同事有意无意地挑拨离间；不会因为嫁入豪门而卑微懦弱，也不会因为将来哪天生了个女孩，而需要去跟婆婆说"对不起"。

这样的你不会将就，不会害怕，也不再怀疑自己到底是不是又做错了什么，更不会胆战心惊地想着"身为女人，是不是就应该活得如此身不由己，是不是应该就此认命"。

若是将来嫁个富裕人家，你也不必被旁人的嫉妒搅乱心绪，因为你明白，别人的始终是别人的，唯有自己挣来的，才是自己的。

若是嫁个穷人家，你更不会在乎别人的冷嘲热讽，因为你知道，面包或香水你自己都买得起，他给你爱情，就足够了。

年轻时，你疯狂地喜欢"带我走"这三个字，但遇到过几个烂人，有了几场难堪的际遇，你就不该再让任何人带走了。你要学会自己走。

3

在踏入成人的世界之前，大多数女孩子都会接到长辈们给的"锦囊妙计"——找个好人家。而好人家的范畴无非是有钱，有才，有人品，别只看相貌，当然了，最最要紧是有钱！他们在潜移默化地向女孩们传递这样的信息："你这一生再怎么拼，也无非是拼男人而已。"

首先得承认，你这一辈子幸不幸福，一定是与你嫁的男人有很大的关系，但绝不是唯一的因素。如果你将男人视为谋生的工具，那你注定是受控于人的。

一个不容争辩的事实是：没有经济上的独立，就缺少自尊；没有思考上的独立，就缺少自主；没有人格上的独立，就缺少自信。

只有当你穷困潦倒、离群索居的时候，你就会发现，你所深爱的这个世界其实并不爱你。

若是把命运托付给他人，你将来的日子注定只有两种结局：一种很美好，是生活平静到令你可以无欲无求，可以安心地虚度时光；另一种很煎熬，是生活里充满了无穷的变数，让你对任何事情都提不起兴趣，也不敢对生活再提任何要求！

一个独立自主的人生，就是能对自己的生活和灵魂负责，而不是把身子一歪，靠到谁算谁。

毕竟男人只是你未来的一个选项而已，有他更好，没有他也没什么不行。所以在面对这个选项之前，你要先经营好自己——既有过体面生活的资本，也有独自生活的能力。

这样的你，就算是选错了，也不至于落魄，因为在选择之前，你已经是独立的、完整的自己；这样的你，永远都有重新开始的资本——无非是换个人再爱一次，而不是唯唯诺诺地被绑在这个人身边。

给所有女孩子的亲朋们一个建议，不要再问她的男朋友"在哪里工作""一个月能挣多少钱""他爸他妈做什么的""家境如何"这些问题，而是要问她："和他在一起，是否快乐？"

　　你想快乐，想要幸福，除了努力打拼，让自己自给自足以外，最核心的一点是：千万不要愁嫁。只有当你有了足够的钱，见了足够多的世面，你才能很清楚地分辨男人对你的假意和真心。没有物质根基的女孩，在婚恋中注定会被对方掌控，并且轻而易举地产生自卑感。

　　只有你自己有钱了，你才会有更多的选择权。不管你爱与不爱，幸福感都会扑面而来。毕竟，这个世界从来就是独立男女强强联手的世界，至于没钱的男女，婚姻不是在疲于奔命，就是在凑合。

　　换句话说，你努力让自己变成有钱人的目的，只不过是让自己的爱情更加纯粹一点，让自己离幸福更近一些。怕就怕，当别人都在想着改变世界、改变自己时，你却只想做一条棉被，不是躺在床上，就是在晒太阳。

你要记住，欺负别人和养活自己，

你都得自己来。

喜怒形于色，是需要资本的

1 |

Kate 是个家境很一般姑娘，刚一毕业就背井离乡地到异地求职，没有经验撑腰，没有亲朋陪伴，她就像一只没头的苍蝇到处乱闯，又像一个虔诚的信徒——小心翼翼又满心期待地祈求好运降临。

在投了几十份简历、打了十几个咨询电话之后，终于有一家公司通知她去面试。为了能抓住这次机会，Kate 几乎试穿了市中心几条大街上所有陈列架上的职业装。

面试的那天是个下雨天。Kate 脚踩七厘米高的高跟鞋，外加一身单薄的小西装。虽然冷风冷雨很是刺骨，但 Kate 的心里却涌动着一股热气儿，大概第一次参加面试的人都是这样的吧。

　　抱着莫大的期待到了面试的地方，迎接 Kate 的却是接二连三的"冷水"。首先是面试的时间，说好是九点钟，硬生生地拖到了十一点，而且没有给任何解释；后来好不容易等来了面试官，他却一副"我很忙"的样子，不时地看手表，而且语气冰冷得让自己像是在和一个打开了的冰箱门对话。

　　然后，他只提了两个不痛不痒的问题，就把 Kate 和她的求职材料"转交"给了一个看起来不到二十岁的小姑娘。并且低声嘱咐了一句："你送她出门，把材料留下，就这样吧！"

　　巨大的期待和过分敷衍的面试过程，落差大到让 Kate 有点儿懵。她从会议室出来的时候，为了追上快关门的电梯，又把脚给扭了，惹得电梯里的人咯咯地笑；走出大楼没多久，一个骑自行车的年轻人急速冲过来，差点儿将她撞到，在她跄跄跄的时候，一只胳膊碰到了另一个姑娘，姑娘"打赏"给她一个凌厉的白眼；过马路的时候，一辆黑色的小轿车又对着她使劲地摁喇叭，司机嘴里还念念有词……

　　她回忆道："那一天，我整个人都是冰凉的，感觉就像被全世界抛弃了，而且还有人在撵我，催我快点走开！"

　　出乎 Kate 意料的是，她最后得到了那份工作。她从最初的"碎纸机管理员""文件夹管理员"这样毫无技术含量的角色开始，付出了比任何时候的自己、任何同龄的人都多的努力，最终成为了公司里备受器重的人。而那一天——那个下着雨、充满嘲笑和敌意的面试日，也变成了 Kate 生命中最有价值的一天。

她说："那天让我懂了一个道理，在生活中，看笑话的人永远是不计其数，能替我解围的人则是寥寥无几。所以，我必须靠自己努力。"

你总得见过一些旁观冷眼，挨过一些疾风骤雨，走过一些暗无天日，也许当时很绝望，但过些年回头再看，却会真心感激那段日子。那些很阴冷的雨天，其实给今天的你加分了。

作家刘瑜曾说："有时候，人所需要的是真正的绝望。"所谓真正的绝望，其实跟痛苦、悲伤没有什么关系，它是一个契机，一个可以让负能量、坏情绪、倒霉事发生化学反应的东西。它能让你更决绝，更坚韧——既能心平气和地接受绝望，又能积蓄绝地反击的力量。

是的，命运没有给你一飞冲天的翅膀，可丝毫不影响你拥有翱翔的美梦；生活虽然没有给你傲人的资本，却给了你不服输的勇气和不放弃的定力！

所以，你一定要靠自己努力！不然，你还能指望谁呢？

难道能指望在你异地漂泊，寂寞得只能和影子聊聊天的时候，会出现一个善解人意的男人，牵着你的手去盛大的舞会，然后还能蹲下来，给你穿上水晶鞋？

难道能指望在你被"恨天高"的便宜鞋折磨得步履蹒跚的时候，

会出现一个儒雅大方、温柔体贴的男人，能扶着你的胳膊，或者干脆把你抱起来，送进等待已久的糖果马车里？

难道能指望在你因为工作琐碎而怨声载道的时候，会出现一个妙语连珠的男人，能逗得你捧腹大笑，或者干脆就脱下燕尾服，帮你把问题一一干掉？

难道能指望在你大龄、邋遢、被家人唠叨的时候，会出现一个盖世英雄，他会身披金甲圣衣、驾着七彩祥云来娶你？

别做梦了！喜欢童话或爱听传说，这些都不算什么问题，但如果你活在这些虚幻之中，那就太可怕了。

请你记住，骑士和王子，都被那些比你好看、比你能说会道、比你坚强能干、比你聪明自信，比你优秀得多的姑娘给抢走了！

至于上帝、关公、月老或者土地爷，哪个不是大忙人？你的努力和流汗如果不能够诚心诚意，不能够让你变得更优秀，那谁会有空来白白地赠予你好运气？

2

因为工作的缘故，不久前加了一个编剧群。里面有个挺多话的姑娘叫杏儿，杏儿姑娘说什么都会带着一股酸味儿。谁买了新手机，她就会来一句："哟，土豪啊，又换新手机了！"谁要是出门旅行了，她就会在别人的旅游照下面评论道："啧啧啧，真是有钱人啊，三天两头就出去玩。"更可怕的是，她将群里所有的人都加为好友，然后，只要你发朋友圈，她一定能说点儿什么，而且是一条不落！

可奇怪的是，这么热闹的姑娘，大家在聊天时总是有意无意地躲避她。出于好奇，我找群主聊了一会儿，才知道这姑娘不仅热闹，还喜欢凑热闹，朋友圈里谁过生日，谁升职了，谁换新房子了……但凡是个聚会，她都喜欢套近乎地往里凑。

于是，她一边往各种聚会里凑，一边在聚会时说着酸言酸语，一边却又是"次次不出钱、不出力、不出礼"。仿佛在她看来，别人都不差钱，就数她最穷，以至于别人请客吃饭成了天经地义的事情。久而久之，大家就不爱带她玩了。

有一天，她突然在群里问："大家都怎么了？怎么什么事都瞒着我啊？我看见你们谁谁谁发的聚会图片了，为什么没有人告诉我？"有人直白地回复说："你说话酸，做人也寒酸，大家当然不爱带你玩了！"

她瞬间爆发了，委屈加生气地发了一堆话，大致是说，她就是这样直截了当的人，她觉得自己很真实，很潇洒。末了，她补充了一句："既然这样，我退群好了。"然后，她就在群里消失了。

没有人挽留，没有人惋惜，大家多的是一份轻松，像是松了一口气那样："哇，你终于退了！"

其实我想说的是，钱你没多少，话你不会说，人你也不会做，只是一门心思地想从别人那里索要尊重和交际，这本来就已经是空中楼阁的事情，能维持这么久，说明群里还是好人多！

更好笑的是，你以退群的方式来表达你的不满，以为自己在群里很重要，高估了自己的地位，退群根本就没有惩罚到谁，因为这对大家而言，更像是解脱！

当你在心里认定了别人多付出是理所应当的时候，寒酸就已经刻进了你的骨子里；当你从根本上就不接受"礼尚往来"的游戏规则的时候，孤独就注定会占据你整个的生活。

世界上有太多的普通人，只想在平凡的框架里做出不凡的改变，然后幻想获得耀眼的光环。可惜往往是只有胆量，没有资本，结果是越折腾，越招人烦！

其实，喜怒形于色，是需要资本的。做一个招人喜欢的姑娘，过自己想要的生活，更是如此。只有当你强大到一定地步，你才会有随心所欲地讲真话的底气；只有当你有了足够充足的资本，才能真正地享有得心应手的活法！

3

　　一个姑娘家，既要有敢做自己的胆量，更要有能做自己的资本。

　　不是你觉得自己有个性就有个性，要世界承认你有性格才真是有性格。除非，你后半辈子都与他人再无交集。可你也知道，这是不可能的。

　　在你准备做一个任性的姑娘的时候，请你反问一下自己：你是觉得自己够聪明、够漂亮吗？还是你既自信，又聪明，还很漂亮？你是觉得自己的家庭能够承受得起自己的任性？还是你既家世显赫，又富甲一方？又或者说，你是有女主角的运气，还是有女主角的魅力，以至于能有一个死心塌地的男朋友，愿意一辈子宠爱你、纵容你？

　　我想提醒你的是，任性的精髓，不是懈怠，不是打破规则，更不是偷懒，而是你明白自己要成为什么样的人，然后有能力成为了那样的人！

　　事实却是，敢于做自己的勇气，你是一点儿都不缺，可是能做自己的资本，你是一点儿都没有！

　　无数的事实都在揭露一个残酷的真相：你所有的愤怒，基本都是来自没钱；你所有的励志，基本都是来自于想要赚钱；而你所有的幸福，基本都是来自于有钱。

是的，这是一个一睁开眼睛就要花钱的年代，却不是一个一出门就能挣到钱的年代。是的，花钱太容易，挣钱太难。但是，这不是你懒惰的借口，而是你更加努力变美、变强、变有钱的理由！

　　当你瘦出马甲线，钱包里都是你自己努力赚来的钱的时候，你就会恍然大悟：哪有时间浪费在患得患失上，哪有精力去猜东猜西，哪还需要迎合别人！

　　这时候的你，才可以过自己想要的或精致、或折腾、或任性的生活；才可以让你的父母无忧无虑地安享晚年，在和亲朋好友、左邻右舍谈论你时一脸的骄傲或者安详；才可以和喜欢的人，做喜欢的事情，去喜欢的地方……

　　这也意味着，你已经结束了愚笨稚气、人穷志也穷，还总被男人骗的脑残岁月。这时的你，已经不会再期盼什么天赐的好运气，因为你本身，就是上天赠予这世界的礼物。

你和女神之间，
只差一根筋的距离

1 |

  Tina 身上总有一股子邪气。作为一位小有名气的插画师，Tina 既创作独立的绘本，也抽空给一些杂志社提供画稿，她最大的特点是成稿"特别慢"，而最常见的手段是"自虐"。

  据不完全统计，我每个月想拉黑 Tina 的念头超过了十次，原因很简单，但凡是她有什么新作品出炉了，都会发微信给我"过目"，可我这个外行哪里看得懂啊。为了在 Tina 面前维护自己"读书多、见识广"的光辉形象，我每次都会绞尽脑汁拼命地想词，然后再头头是道地夸一遍，什么"构图不错""色彩很吸引人""立意很好"……说完了，她就消失了。

大约过了两个小时，微信响了，点开一看是 Tina，发的还是那幅画。我以为她发错了，没当一回事，谁知隔了两个小时，她又发来微信，还是那幅画。于是我们就有了下面这些对话：

我问："什么意思？"

她说："还能什么意思，让你给点意见呗。"

我说："我不是上午已经给了吗？"

她解释道："后面给你发的两幅不一样。"

我又问："哪儿不一样了？"

她说："第二幅改了右上角的那姑娘的眉毛的宽度，第三幅加了一个耳洞，还有……"

我打断她："你开什么玩笑？这我哪看得出来，再说你至于这么频繁地改吗？"

她不紧不慢地回答："客户虐我千万遍，我待客户如初恋。"

我咆哮道："那你回去虐你客户啊，你虐我干什么？"

咆哮归咆哮，但我对 Tina 的崇拜并不比咆哮少。家境殷实的她，智商情商双优，貌美还内秀。她本来可以过很多人羡慕的那种优哉游哉的美丽公主般的生活，却偏偏把自己变成了美少女战士！

大概是因为这股较真的劲儿，Tina 已经受邀参加了好几个大型的画展，各类约稿更是源源不断。虽然她一如既往地"特别慢"，但不妨碍别人"愿意等"。

对于 Tina 来说，管它天昏地暗，暴风骤雨，只要还能穿上 S 码的上衣，二十四码的牛仔裤，能独自安静地画稿和改画稿，这个世界就还不算太糟。

Tina 的口头禅是："如果累了，要学会休息，而不是放弃。"

Tina 其实也焦虑过，那是去年冬天，只见她用左手托着脑袋，右手一杯接一杯地往嘴里灌咖啡。是的，她遇到了很多插画师都会遇到的问题——"突然没有灵感了"。那时候，她正在创作她最为重视的一个绘本，她将它看得很重，因此在较真的行事风格里又加了不知道几个等级的"苛刻"。

画稿越来越多，她却越来越乱。她极少见地失控了，自顾自地嘟囔着："不画了，不画了，这都画的什么破玩意儿。"可没过三分钟，就见她像是被什么激发了灵感，突然从口袋里掏出一支画笔，趴在桌子上画了足足一个下午……

其实，人与人之间差别最小的是智商、运气这些不可控的东西，差距最大的是努力、坚持这些可以控制的东西。你之所以体重降不下来、健身没什么效果、能力提不上去、问题解决不了，其实天赋、出身等不是最大的原因，最大的原因是你缺少韧性。

换言之，没毅力才是你最大的短板。

你羡慕别人"反手摸肚脐"的身材，却忽视了别人每天呼哧呼哧地流汗锻炼和科学合理地自律；你嫉妒别人"年少有为"，却漠视了他们比你多出数倍、乃至数十倍的辛苦努力和无畏摸索。

你佩服所有能随时随地看得下去书的人，自己也准备了一大摞，还挑了个晴朗又悠闲的日子，选了一家文艺又安静的咖啡馆。但你不是坐下来就看书，而是先得把微博、朋友圈、QQ 空间挨个地刷一遍，挨个人的消息点个赞，然后再给书的封面拍个照片，发一次朋友圈，再纠正好椅子的距离，调整一下坐姿，整理一下破烂情绪，等到最后，把周围的环境和人都细细品味评价一番，内心戏也杀了青，确定一切就绪了，你才发现"好困啊"……

你努力得那么舒服，自然就平庸得那么彻底。

嗯，没有什么事情重要到连"我困了"都不能停下来的，也没有什么事情是"我很懒"解释不了的。

2

三个月前，因为要咨询一些旅行的事情，我经朋友介绍认识了写旅游专栏的 K 姑娘。一来二去，我们俩竟然成了无话不谈的好朋友。让我吃惊的是，这个年仅二十六岁的文艺女神竟然只身周游了一百多个国家。

你可千万不要以为她是钻了旅游公司的空子或者是借了什么人的光。作为经常熬夜的码字一族，她出门的时间都是自己挤出来的，从来没有因为出游而占用工作时间；作为一个靠"卖字"赚钱的女孩子，K 去的任何一个地方都是自费的，从来不会因为想玩而依赖他人。

K 每年都会给自己设计一个旅行计划表，每完成一个就划掉一个，她向我展示了她的成果：在一个厚厚的笔记本里，记录着她上半年去过的地方的名称，短途的、长途的都有，其中还有她旅行之后的印象、吃过的美食以及遇到的人。

我问她哪来这么多的时间和精力，她笑着说："买好机票，你就有时间了；到了目的地，你就有精力了。"

原来阻止一个人出门旅行的原因往往不是"没时间""没钱"，而是你没有备足"为热爱埋单的意愿"和"为热爱采取行动的毅力"。

K 知道自己为了什么努力，她说："我所有的努力，是为了有能力做些真正喜欢的事，远离讨厌的人，不必强求他人欢心。"

她每周需要写三篇专栏文章，另加不计其数的策划案。熬夜对她来说是再正常不过的事情，独自一人在偌大的办公室里鏖战到凌晨三点也是常有的事。

但是，如此忙碌的工作并不影响她选最合身的衣服，化最精致的妆，准备最齐全的行李，规划最细致的旅程，然后去所有她想要去的远方……

一个女孩，若还有追求美好生活的意愿和行动，她的生活就不会是一个死胡同，就不会陷入了无生趣、无所适从的窘境，就不存在什么穷途末路。

你也想要努力，朋友圈里没少说励志的豪言壮语，可现实中总是没来由地觉得"没精神""没意思""不想做"；你也曾羡慕女神的美丽和魅力，在心里默默对她点赞的同时，也隐隐约约有了"向她学习"的念头，可一看到吃的就停不下筷子，一到跑道上就迈不开腿，一进健身房就喊累。

你看，明明是你自己放弃了努力，却还一边仰着脖子奢望幸福，一边又喋喋不休地抱怨命运，像极了一个行走着的"负能量包"。

可别忘了，做人要么就铆足了劲往上爬，要么就会烂在社会最底层的泥潭里。

我知道坚持很难，坚持要比放任难一百倍，就像健身时流一身汗很容易，但因健身瘦下来很难一样。我知道坚持的感觉很糟糕，就像一个茫然地站在路口的路人，不知哪条路会通往光明，哪条路能迎来春天。

但我想提醒你的是，没有人能够心想事成地过每一天，也没有谁能够一帆风顺地过一生。既然根本就不存在手到擒来的好事，那说明谁都会遇到这样或那样的问题。不同的是，有的人在问题出现时咬着后槽牙挺过去了，有的人则是在问题面前认了怂。

挺过去了，你的人生就好像翻越了命运的分水岭，快意的人生就随之而来；而挺不过去的人只能一直唯唯诺诺，一直无所事事，一直没有招架之力。

当你以为躲避的是困难和麻烦，实际上你是躲避了变成女神、活得体面的机会。

今天的事情慢半拍，明天的事情再拖一拖，就算你幸运地找到了成功的钥匙，就不怕有人把锁给换了吗？

3

不知道从什么时候起，我们身边围绕了各式各样的"心灵导师"。

你单身时，他们就语重心长地提醒你"再挑就真的剩下了"，然后用恨铁不成钢的语气对你说："眼光不能太高，差不多得了。"

你谈恋爱时小打小闹了几次，他们就劝你"还是赶快分手吧"，然后以一个过来人的口吻对你说："你们俩不适合，分手要趁早"。

你正在为某个考试埋头苦学，他们就来苦口婆心地劝告你："女孩子没必要这么折腾自己"，然后像个聪明人那样对你说："人生苦短，要及时行乐"。

你看书、学插花、健身、学厨艺、看新闻，他们玩消消乐、看连续剧、聊八卦，然后，满是不屑和疑惑地问你："你做的这些都有什么用？"

他们不知道，这个世界上有很多事情的结果不是三两天就能显现出来的，于是他们不断地劝你"放弃吧"。

有的乖乖女照他们的话做了，结果变得和他们一样，八卦又无聊；有的倔强姑娘则把他们的话当作了耳旁风，结果活出了他们羡慕的样子。

好看的姑娘，如果只是对抗丑陋和衰老，其实还是挺容易的，但是，"好看"最大的敌人是平庸，是活得乏味还心安理得。

是的，一次做二十个俯卧撑很难，每天背五十个单词很难，遭遇了不公平的对待之后静下心来很难……但是，你要知道，总有一些人一次能做五十个俯卧撑，每天能背二百个单词，被别人冤枉得眼泪汪汪了，还能做完一大篇阅读理解……

其实，谁都没有超能力，这些"超人"只是比别人多一点点坚持和耐心。因为他们知道，那些看起来很近、走过去又很远的目标，缺少了耐心就永远走不到头。

倒是妥协和放弃会异常容易，但凡是心里闪过一点点放弃的念头，四肢的力马上就没了。后果当然也十分严重——你再也不可能为此重燃斗志了。

我的建议是，不要高估自己在一天之内能完成的事情，也不要低估自己在五年之内能完成的事情。

无论是为了增长本事，还是为了修炼气质，没有来由地坚持一些小事，没来由地轴下去，这些细小的坚持、莫名的执拗和不曾减少的耐心会让你从一堆美丽的面具里面脱颖而出，有了自己的灵魂。

尤其是"耐心"，这东西是有魔力的，狼有了它都能变成绅士，你又何愁不能变成女神？

好看的姑娘，

如果只是对抗丑陋和衰老，

其实还是挺容易的，

但是，"好看"最大的敌人是平庸，

是活得乏味还心安理得。

图书在版编目（CIP）数据

姑娘，脱贫比脱单更重要 / 老杨的猫头鹰著 . 一北
京：现代出版社，2017.5
ISBN 978-7-5143-5897-1

Ⅰ . ①姑… Ⅱ . ①老… Ⅲ . ①女性－人生哲学－通俗
读物 Ⅳ . ① B821-49

中国版本图书馆 CIP 数据核字（2017）第 049130 号

姑娘，脱贫比脱单更重要

著　　者	老杨的猫头鹰
责任编辑	赵海燕
出版发行	现代出版社
通讯地址	北京市安定门外安华里 504 号
邮政编码	100011
电　　话	010-64267325 64245264（传真）
网　　址	www.1980xd.com
电子邮箱	xiandai@vip.sina.com
印　　刷	吉林省吉广国际广告股份有限公司
开　　本	880×1230　1/32
印　　张	9
版　　次	2017 年 7 月第 1 版　2019 年 10 月第 11 次印刷
书　　号	ISBN 978-7-5143-5897-1
定　　价	39.80 元